乡村振兴与农业产业振兴实务丛书

非耕地日光温室建造及果蔬生产加工技术

张彩虹　姜鲁艳　闫圣坤　王国强　等◎编

U0125740

中国轻工业出版社

图书在版编目（CIP）数据

非耕地日光温室建造及果蔬生产加工技术 / 张彩虹
等编 . — 北京：中国轻工业出版社，2023.9
　ISBN 978-7-5184-4377-2

　Ⅰ . ①非… 　Ⅱ . ①张… 　Ⅲ . ①日光温室 — 农业建筑 —
建筑设计 — 研究②蔬菜 — 温室栽培 — 研究 　Ⅳ . ① TU261
② S626.5

中国国家版本馆 CIP 数据核字（2023）第 028222 号

责任编辑：张　靓

策划编辑：王宝瑶　　责任终审：许春英　　封面设计：锋尚设计
版式设计：砚祥志远　　责任校对：吴大朋　　责任监印：张京华

出版发行：中国轻工业出版社（北京东长安街6号，邮编：100740）

印　　刷：北京君升印刷有限公司

经　　销：各地新华书店

版　　次：2023年9月第1版第1次印刷

开　　本：720×1000　1/16　印张：18

字　　数：330千字

书　　号：ISBN 978-7-5184-4377-2　定价：88.00元

邮购电话：010-65241695

发行电话：010-85119835　传真：85113293

网　　址：http://www.chlip.com.cn

Email：club@chlip.com.cn

如发现图书残缺请与我社邮购联系调换

221421K8X101ZBW

本书编写人员

张彩虹　姜鲁艳　闫圣坤

王国强　史慧锋　孔　娜

前　言

近年来，我国农业农村部、我国新疆维吾尔自治区农业农村厅曾多次下达相关文件，明确支持推动新疆"十四五"设施农业高质量发展。2022年中央一号文件明确提出稳定大中城市常年菜地保有量，大力推进北方设施蔬菜基地建设，提高蔬菜应急保供能力。因地制宜发展塑料大棚、日光温室、连栋温室等设施，集中建设育苗工厂化设施；《"十四五"推进农业农村现代化规划》文件中提出协同推进区域农业发展，大力发展戈壁农业、节水型设施农业等多种类型农业。

本书通过介绍非耕地日光温室建设、种植、加工等方面的科研成果，全面阐述了非耕地设施农业发展现状与前景，及非耕地日光温室设计、建造及配套设施，并以新疆地区为例阐述非耕地日光温室果蔬品种筛选、果蔬栽培模式、穴盘育苗技术、果蔬栽培管理技术，以及非耕地日光温室果蔬生产自动化技术、果蔬加工技术等内容，希望对全国各地非耕地日光温室相关领域研究有所助益。

本书可为非耕地设施农业发展提供理论与技术参考。

目 录

第一章

非耕地设施农业发展
现状与前景

第一节
非耕地设施农业的基本概念和发展现状

一、非耕地及设施农业相关概念

耕地在《土地利用现状分类和编码》中的定义为：种植农作物的土地，包括新开发、复垦地、熟地、休闲地（含轮作地、轮歇地），以种植农作物（含蔬菜）为主，间有零星桑树、果树或其他树木的土地及平均每年能保证收获一季的已开垦海涂和滩地。耕地包括临时种植药材、草皮、苗木、花卉等的耕地；南宽<1.0m，北宽<2.0m的固定的路、沟、渠和地坎（埂）以及其他临时改变用途的耕地。非耕地是除耕地以外的所有未经利用或经开发之后能利用的土地，它包括沙地、草地、滩涂、低洼地、荒山、荒坡、湖泊、水库、沼泽地、河渠、盐碱地等一切后备土地资源。非耕地设施园艺是指在沙漠、戈壁滩、盐碱地、旱砂地、荒山坡地、沿海滩涂等不适于耕作的土地上，发展设施园艺产业，使原本不适于耕作的土地产生较好社会效益、经济效益和生态效益的一种农业产业发展方式。

随着人们消费水平的提高，对绿色食品的要求也越来越高，对高品质园艺产品的需求日益增长，设施农业得到前所未有的发展。2008年，我国发布了《农业部关于促进设施农业发展的意见》（农机发〔2008〕3号）；2009年底召开了首次全国设施农业工作座谈会；2010年《中共中央、国务院关于加大统筹城乡发展力度进一步夯实农业农村发展基础的若干意见》（中发〔2010〕1号）提出"提高现代农业装备水平，促进农业发展方式转变"的战略号召，将加快园艺作物生产设施化、规模化作为重点工程建设；国家"十二五"规划纲要提出的工作重点之一就是推进农业结构战略性调整和加快发展现代农业，提升设施农业装备水平，促进设施农业发展方式转变，保障设施农业在良性发展的基础上速度、规模、效益、竞争力持续提高。

非耕地的定义方式比较多，常见的有以下几种。

（1）按照《中华人民共和国耕地占用税暂行条例》（国发〔198727〕号）及其他有关具体政策规定，耕地是指种植农作物的土地，包括菜地、园地。园地包括苗圃、花圃、茶园、果园、桑园和其他种植经济林木的土地。占用鱼塘及其他农用土地建房或从事其他非农业建设，视同占用耕地；前三年曾用于种植农作物的土地，亦视为耕地。反之则视为非耕地。

（2）从国土资源的角度来看，非耕地资源是指除耕地（主要指农耕地）以外的一切国土资源，主要包括宜农荒地、草地、林地、城乡居民地和工矿用地、道路和桥梁用地、河渠、湖泊和水库、沙地、冰川及永久性积雪、裸地、石山、戈壁、沼泽、滩涂及其他。

二、国内外设施农业发展概况及进展

毛罕平成功设计了国产化温室测控系统，使我国设施农业从单一环境因子的控制研究转向相互作用耦合的多元变量调节，控制技术从定值开关控制转向多种智能控制技术。

（一）国内设施农业发展概况及进展

自1982年起，我国设施园艺面积从不足0.7万hm^2发展到362.7万hm^2，截至2003年底，全国含小拱棚的园艺设施面积已超250万hm^2，其中大型连栋温室有700hm^2左右，日光温室面积超60万hm^2，占温室和大棚等大型设施总面积的50%左右。2010年全国蔬菜种植面积达到344.33万hm^2，设施蔬菜总产量超过1.7亿t，占蔬菜总产量的25%，设施园艺面积占世界总面积的85%以上，尤其是设施蔬菜和西甜瓜占世界种植面积的90%以上，年人均供应量近200kg，在解决蔬菜供应上具有重要的意义。

（二）国外设施农业发展概况及进展

依据自然气候条件、地理位置、经济水平和饮食文化等因素，可将世界设施园艺大致划分为亚洲、地中海沿岸、欧洲、美洲、大洋洲和非洲六大区域。随着社会经济的不断发展，设施农业整体上呈现蓬勃发展的趋势。据2017年调查数据显示，全世界设施农业总面积达到460万hm²，主要分布在亚洲的中国、韩国和日本，欧洲的荷兰和阿尔巴利亚，美洲的美国、墨西哥和委内瑞拉，非洲的埃塞俄比亚和埃及以及地中海沿岸诸国。其中，亚洲是世界设施农业发展最快、面积最大的地区，仅中国、日本和韩国3个国家的设施农业面积之和就占世界设施农业总面积的82.90%。

在设施农业体量上，中国设施农业面积达370万hm²，居世界第一，约占世界设施农业总面积的80%，意大利紧随其后位于第二，第三、第四分别为土耳其和韩国。荷兰在人均设施农业温室面积上位居世界第一。荷兰是世界著名的设施园艺发达国家，地域虽小，但拥有世界上最先进的玻璃温室，有世界闻名的五大温室制造公司，在计算机智能化、温室环境调控方面居世界领先地位。以色列的温室设备材料、滴灌技术、种植技术均属世界一流，在设施灌溉技术方面处于世界领先地位，其高效节水灌溉系统可把设施土壤的盐渍化程度控制在很低的水平。美国的温室多为大型连栋温室，在设施栽培综合环境控制技术方面，美国开发的高压雾化降温、加湿系统及夏季降温用的湿帘降温系统处于世界领先水平。日本是世界上果树设施栽培面积最大的国家，也是世界上最先采用工业成套设备从事水产养殖的国家，日本几乎所有品种的蔬菜都在很大程度上依赖温室生产。日本的温室配套设施和综合环境调控技术居世界先进水平，所开发的设施栽培计算机控制系统能够全面地对栽培植物的生长环境进行多因素监测与控制，清选、分级、包装等农产品采后加工作业也基本实现了自动化或半自动化。

随着传感器技术、通信技术、计算机技术的不断发展，云计算、大数据、人工智能、物联网等技术在农业生产中得到越来越多的应用。国外农业信息技术发展经历了4个阶段：以科学统计计算为主的农业计算机应用阶段；以数据处理、模型模拟和知识处理研究为主的农业专家系统阶段；以网络信息服务、地理信息技术（3S技术）、智能控制等应用为主的精准农业技术阶段；以物联网、大数据、云计算、人工智能等新一代信息技术应用为主的农业物联网技术和农业机器人技术阶段。荷兰通过环境因子的多维调控，对鲜花从移栽、生长、采收、包装储运、自检自控等流程中的信息与图像进行信息化管理，实现了鲜花生产的高度自动化。美国、日本、以色列等通过研究温室作物生长发育与环境、营养之间的定量关系，构建作物生长发育模型和环境控制信息化模型，降低了温室系统能耗和运行成本。日本植物工厂对温室内的环境因子进行自动化采集和校验，实现了生产过程的自动化、智能化和可视化，实现农作物周年连续产出。

第二节
新疆地区非耕地设施产业存在问题及利用建议

一、非耕地设施农业存在的主要问题

新疆地处欧亚大陆腹地，年平均降水为150mm，降水量只占全国的4%。森林草原植被主要分布在山区，广大平原为荒漠植被，土地极易沙漠化，生态环境脆弱。平原地区年大风时长多达10～20d，起沙风占全年刮风频率的15%以上，同时具有丰富的沙源，大风和扬沙为土地沙化提供了动力条件，沙化威胁相当严重。新疆土地盐渍化普遍。由于干旱少雨，土壤淋溶作用弱；又由于灌溉过量及渠系输水渗漏严重，使地下水位升高，在强烈的蒸发作用下，土壤盐渍化严重。新疆深处内陆，除额尔齐斯河外，新疆河流都属于内陆河，河流沿途溶解的有毒害物质只能向盆地聚集，导致土地资源的自净能力低，有毒害物质容易积累。所以，新疆土地资源开发利用，必须充分考虑其生态环境脆弱的特点。

二、耕地资源的紧约束难以适应传统农业发展的需要

新疆人均耕地面积小，耕地资源明显趋紧，人增地减，今后随着社会经

济的快速发展、人口的持续增长以及城市化进程的加快，建设占用耕地的需求将日趋加大，耕地人均资源量还将不断减少，这种耕地资源的紧约束难以适应传统农业自然扩张的需要。耕地后备资源极其有限，存在菜粮争地和饲草与粮争地矛盾，影响到了园艺产业和农区畜牧业的健康发展，是新疆农业发展的主要瓶颈。

三、水资源缺乏且利用不足

新疆地下水开发利用不均衡。地下水超采区主要分布在经济较发达或水资源紧缺的哈密盆地、吐鲁番盆地、天北经济带、塔城盆地，年超采量17.2亿m³。而塔里木盆地地下水开发利用程度较低，灌区地下水埋深小于3m的面积占44%，土壤盐渍化较为严重。全疆灌区盐碱地面积1919万亩*，其中塔里木盆地1175万亩*，占全疆盐碱地面积的61%，占南疆耕地面积的45%；现地下水开采量16亿m³占可开采量的21%，增加地下水开采量既可缓解供需水矛盾又有利于治理土壤盐碱化；缺水且用水结构不合理，农业开采量比重过大，全疆农业、工业、农村生活和城镇生活地下水开采量分别占总量的85.8%、5.7%、2.9%和5.6%，有些地区甚至盲目开采深层地下水用于农业灌溉，不但造成巨大的浪费，而且难以持续。地下水占总供水量的比例不合理，南疆地下水供水量占总供水量的比例过低，吐鲁番市、哈密市、昌吉回族自治州等地下水超采区比例又过高。

四、缺乏有机质导致耕地土壤质量差

根据新疆第二次土壤普查结果，新疆的土壤可划分为7个土纲、32个土类、87个亚类。新疆不同类型的土壤的面积分布百分比：风沙土22.7%，棕漠土14.19%，棕钙土8.63%，寒冻土6.1%，石质土5.02%，灰棕漠土4.97%，冷钙土4.94%，栗钙土4.42%，盐土3.84%，寒钙土3.45%，草毡土3.13%，草甸土2.59%，黑毡土1.67%，黑钙土1.58%，寒漠土1.43%，林灌草甸土1.23%，灰漠

注：* 1 亩 ≈ 666.67m²。

土1.12%。盐碱地土壤中大量存在碱金属和碱土金属，如Na、K、Ca、Mg的碳酸盐和重碳酸盐。各种盐碱土都是在一定的自然条件下形成的，其形成的实质主要是各种易溶性盐类在地面作水平方向与垂直方向的重新分配，从而使盐分在集盐地区的土壤表层逐渐积聚起来。

影响盐碱土形成的主要因素有：①气候条件。在我国东北、西北、华北的干旱、半干旱地区，降水量小，蒸发量大，溶解在水中的盐分容易在土壤表层积聚。夏季雨水多而集中，大量可溶性盐随水渗到下层或流走，即"脱盐"季节。西北地区，由于降水量很少，土壤盐分的季节性变化不明显。②地形条件。地形部位高低对盐碱土的形成影响很大，地形高低直接影响地表水和地下水的运动，也就与盐分的移动和积聚有密切关系，从大地形看，水溶性盐随水从高处向低处移动，在低洼地带积聚。盐碱土主要分布在内陆盆地、山间洼地和平坦排水不畅的平原区，如松辽平原。从小地形（局部范围内）来看，土壤积盐情况与大地形正相反，盐分往往积聚在局部的小凸处。③局部蒸发。凸起处水分散失得快，周边的水向凸起处靠拢，盐分随水聚集到凸起处盐碱土形成的根本原因在于水分状况不良，所以在改良初期，重点应放在改善土壤的水分状况上面。一般分几步进行：先排盐、洗盐、降低土壤盐分含量；再种植耐盐碱的植物，培肥土壤；最后种植作物。

新疆传统的生产方式，利用秸秆、饲养牲畜、用牲畜粪便做燃料，使得还田的有机质数量极为有限并逐年减少，是引起土壤有机质缺乏的主要原因。目前，主要粮食产区秸秆的售价已经达到3～4元/kg，其价值甚至超过了粮食本身。根据新疆土壤剖面的分析资料，探讨土壤有机质和氮素状况及其影响因素，绝大部分耕地的土壤有机质、全氮及速效氮、全磷及速效磷及矿物质元素Mo、B的含量均偏低，耕地质量较差。

五、劳动力资源缺乏

我国设施农业主要分布在远离城市中心的农村，这些地区生活和医疗条件较差、交通不便利、教育资源稀缺，设施农业人才流入较少，涉农人员文化水平有待提高。农业生产相对艰苦，工作强度较大，农业行业利润较低，经营主体前期基于成本压力也难以承担较高的待遇，难以与其他行业竞争，无法吸引人才就业。因此，普遍存在用人难、留人难、人才培养成本高等问题，特别是管理人才、经营人才和技术人才的缺乏，直接制约着设施农业的建设和发展。

随着国家乡村振兴战略的持续推进，设施农业已成为我国现代农业重要产业形态，正由机械化、自动化向智能化转变，处于农业科技制高点，进入指挥设施农业发展新阶段。指挥设施农业具有多领域多学科交叉、技术密集、发展迅速的特点，对技术技能人才培养提出更高要求，因而开展指挥设施农业装备人才培养的研究与探索很有必要。

学校在有限的市场人才需求调研基础上单方面制定的专业人才培养方案，难以准确体现对学生专业知识、技术技能、职业素养等的要求。学校及用人单位需深入推进产教融合，构建一体化育人平台，协同培养人才、应用技术研究、技术示范和科技服务，形成职业教育服务产业发展的创新体系。技术推广部门加强对各类务农人员尤其是专业农民的培训和指导，进一步深化教育教学改革，不断提升专业人才培养的适应性。通过开展各类实用生产技术、市场营销和经营管理等培训，逐步把他们培养提高为有技能的、稳定的、专业化的新型农民，实现规模生产经营增收。

六、非耕地设施农业产业发展利用建议

（一）加大对非耕地设施农业产业发展的政策扶持力度

发展设施农业产业是一项系统工程，涉及面广，离不开政府有关部门的政策扶持与倾斜，在产业发展过程中，一是科学选定项目，认真制订产业发展规划，将经营风险降到最低；二是结合自身实际，制定相应的扶持政策，对产业化发展给予扶持；三是加大投资力度，支持商品基地建设及新技术改造，同时建立财政专项资金，强化果蔬营销导向调控手段；四是政府各有关部门在果蔬

生产技术服务体系建设、批发市场基础设施建设以及风险基金建立等方面给予必要的资金投入和政策优惠。通过科技成果的产业化、规模化、商品化，推动设施产业持续健康发展；通过果蔬产业的信息化，使生产销售流通、科技等各个细节形成网络，与国际接轨。

（二）加大对非耕地利用技术的研发力度

通过技术引进和有目标地开展新疆非耕地利用技术研发，开展新疆非耕地资源调查，摸清各类非耕地资源的面积，所处区域、分布特点，针对重点区域和典型区域，进行形态特征与分布格局调查与分析以及相关资源承载力调查与评价，确定不同生态区域适度的非耕地利用规模；在此基础上，根据国家西部经济发展战略规划及目标，充分考虑既有经济发展模式，制定我国西部主要非耕地农业利用的总体方案。做好相关典型类型的开发模式研究，通过有机生态型无土栽培模式，创新出适宜新疆的非耕地立体栽培模式。引进设施栽培的专用品种进行试种和筛选，确保非耕地栽培品种的优良性。

（三）做好非耕地利用规划，建立非耕地生产示范基地

在一些典型区域，有计划地建设以温室、大棚为主体的优质非耕地蔬菜生产示范基地建设。按照自然、生态等特点，采用相应的非耕地技术模式开展生产示范，以辐射和引导基地周围地区，扩大基地建设的效果，逐步形成基地建设区域化、管理标准化和经营集约化，并完善基地的系列化服务，围绕基地加强服务体系建设，把龙头企业、科技推广部门和经济合作组织的服务结合起来，从技术、物质、信息等方面，为基地提供有效的服务。

（四）积极探索特色产品走出去的途径和方法

新疆地区的独特气候具有生产优质农产品的优势，随着非耕地资源的开发利用，设施蔬菜及果品和花卉等的生产规模将不断地扩大，产品数量不断增加，应积极探索产品销往其他地区的方法和渠道，不断提升产品质量，打造优

良品种。

（五）培育非耕地果蔬产业化经营"龙头"企业

从果蔬产业化经营的发展情况来看，跨区域经营是当前和今后果蔬产业化经营的一个发展方向，通过示范引导，鼓励和支持龙头企业参与非耕地设施果蔬产业化经营、缩小与西北地区差距，加强与西北有关科研单位的技术合作，加快新疆果蔬产业化升级和果蔬产业化发展，使农牧民直接受益。

（六）大力发展农牧民经济合作组织

目前，新疆大多数农牧民思想守旧，组织化程度低，对蔬菜产业化认识只限于原始的种菜经验上，要改变他们的旧思想观念，使之与现代社会和市场经济的发展相适应，发挥合作组织的作用十分必要。新疆农村的合作经济组织主要是社区合作经济组织，制定切实有力的措施，扶持合作经济组织发展，充分利用它的组织功能，组织成员生产与销售，组织协调专业户进行专业生产，组织散户通过专业合作参与竞争；通过合作经济组织、中介服务和兴办各种服务组织，向农户提供产前、产中、产后服务。

（七）激活机制全面推进非耕地果蔬

在果蔬产业发展中产业又好又快地发展，一是要更加注重认识的提高，要认识到发展独具特色的蔬菜产业是提升果蔬农牧业结构、促使农牧业增效、带动农牧民增收的有效途径，是真正服务"三农"，致富广大农牧民最根本、最实际的体现；二是注重源头创新，要始终坚持市场导向，紧贴经济，瞄准前沿，创新成果，提升水平，促进果蔬产业的发展；三是更加注重观念的转变、机制的创新，使果蔬产业的政策更宽松一点，发展的空间更大一点，发展的合力更强一点；四是加强对果蔬产业发展的领导和管理，更科学地指导、更好地给予支持，朝着又好又快的产业化经营方向发展。

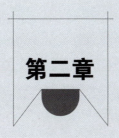

第二章

非耕地日光温室设计

第一节
日光温室设计理论

一、日光温室发展历程

温室是采用透光覆盖材料和环境调控装备，形成局部小气候，营造有利于作物生长发育的特种设施。温室的功能是创造适合于作物生长发育的环境条件，进行高效生产。以短波辐射为主的太阳辐射通过温室透光材料进入温室后使室内地温和气温升高而转化为长波辐射，长波辐射又被温室覆盖材料阻隔在温室内，从而形成室内热量的积聚，使室内温度提高，这一过程称之为"温室效应"。温室正是利用"温室效应"，在作物不适于露地生长的季节通过调控室内温度创造作物生长的适宜环境达到作物生产和提高作物产量的目的。但随着科学技术的进步，温室生产已远远超过"温室效应"的概念。利用高科技技术可以对温室内的各种环境因子，包括温度、光照、湿度、CO_2浓度等进行自动控制和调节，根据生产作物的生长习性和市场的需要，部分甚至完全摆脱自然环境的约束，人为创造适宜作物生长的适宜环境，生产出高品质、高产量的产品，以满足不同消费群体的需要。

日光温室是我国特有的设施农业建筑形式，不依赖人工加温或较少加温即可实现寒冷地区喜温果菜越冬安全生产。中国最早的日光温室可追溯到20世纪30年代的鞍山型温室，自20世纪80年代以来，日光温室在我国北方迅猛发展，产生了巨大的经济和社会效益，结束了冬春季节新鲜蔬菜短缺和价格昂贵的历史，使得蔬菜数量充足，种类丰富，基本实现了周年供应，也极大地促进了农村经济的发展，一大批种植户通过日光温室蔬菜生产脱贫，甚至致富。截至2014年，全国日光温室面积已达106hm^2，约占设施园艺总面积的26%，日光温室蔬菜产量超过1亿t，约占设施蔬菜总产量的40%。现代日光温室开始发展于20世纪30年代辽宁地区，根据日光温室结构、建筑材料和施工工艺的不断进步，其发展历程可以分为以下四个阶段：第一个发展阶段是20世纪30年代，该时期出现了"一坡一立式"日光温室，基本结构相对简单，透光覆盖材料为玻璃，但采光前屋面倾角偏小，温室内部光环境质量较差；第二个阶段为20世纪50年代，日光温室结构被改进为"一面坡"式，同时增强了外围防寒措施，显著提高了日光温室的透光、保温能力，但室内空间较小，作业不方便；第三个阶段为20世纪60年代，该时期日光温室的透光覆盖材料被新型的塑料薄膜所取代，温室造价降低；第四个阶段为20世纪80年代至今，日光温室的发展进入高峰期，建筑结构和材料不断更新换代，这一时期是日光温室繁荣发展，取得重大突破的阶段，出现了"感王式""鞍山Ⅰ型""悬梁吊柱式""琴弦式""鞍山Ⅱ型"等典型结构，实现了园艺作物在不加温或少加温条件下安全越冬生产，日光温室由此开始被称为节能日光温室。日光温室具有建筑结构简单、易操作、造价相对较低、经济效益突出的优点，在我国北方地区得到大面积的推广应用，日光温室蔬菜已成为我国设施农业的主体。日光温室的发展，不仅丰富了市场、解决了冬春淡季我国北方地区喜温果菜的供给问题，还在农业增效、农民增收、解决"三农"问题等方面发挥了重大作用，尤为重要的是日光温室充分利用太阳能资源，降低了建筑能耗，减少了不可再生资源的消耗，在当前环境下，濒临枯竭的化石能源和日益匮乏的自然资源是制约我国设施农业产业进一步发展突破的重要因素，提升日光温室综合生产性能、扩大日光温室在全国范围内的推广应用是解决这一问题、保持冬春淡季喜温果菜长期有效供给的重要途径。

多年来，中国日光温室从实践到理论、从试验研究到大面积推广应用走出了一条具有中国特色的创新发展之路，其中民间的创新更是这条创新之路上不可或缺的骨干力量。日光温室的发展一是解决了长期困扰我国北方地区冬季鲜菜生产和供应的问题，极大地丰富了城乡居民的"菜篮子"；二是解决了我国北方地区冬季农业生产和农民就业的问题，使传统的农业生产由"冬闲"变成了"冬忙"，不仅提高了农民收入，也稳定了社会治安；三是有效开发了北方地区冬季"沉睡"的土地资源，提高了土地的复种指数，促进了土地资源的高效开发利用；四是大量节约了温室生产能耗，不但减轻了我国能源供应的压力，而且对减少"温室气体"排放、保护生态环境做出了杰出的贡献。

二、非耕地日光温室结构研究现状

（一）日光温室骨架

在非耕地地区，日光温室更加强调施工过程的便利性、建筑材料的易得性和墙体良好的保温蓄热性能。由于资源条件、气候特征、建筑材料的特殊性，非耕地地区的日光温室在骨架方面具有更高的要求，确立合理的几何尺寸，充分分析日光温室的形状特征，使其能够满足作物的生长需求，在安全可靠的基础上追求省材、降低成本，规范建造，现已成为发展日光温室的主流之势。在温室骨架方面，卢旭珍利用有限元分析软件，对相同高度、长度跨度下不同结构形式的日光温室骨架进行了应力分析，并得出最佳的桁架结构是采用方管的双骨架斜拉花结构。周长吉等进行了"西北型"日光温室优化结构的分析研究，得出"西北型"系列温室结构优良，采光保温性能强，跨度增大，提高了土地利用效率，具有很好的推广前景。李晓豁对日光温室载荷进行了模拟研究，通过对不同载荷的分析，得出抛物线形日光温室骨架的应力值最小。张鹰通过计算，用非电量电测技术，对辽沈型日光温室钢结构进行应力测试分析，得到钢骨架的实际应力值。这些理论为非耕地日光温室的结构研究提供了良好的基础。目前在日光温室的骨架方面，主要还是以桁架结构为主，该结构优点在于造价低、结构稳定性高、自重轻、构件截面尺寸小、施工简单等；缺点在于生产装配运输不方便、易锈蚀等。

（二）日光温室墙体

日光温室的墙体不但具有很好的支撑作用，而且可以在晚间将白天蓄积的热量传递到室内，防止室内热向外传递，具有良好的保温性和蓄热性，对保证夜间的温度起着关键的作用。在墙体材料方面，目前在温室的建造中，常见材料主要有土、黏土砖、聚苯板等，草砖作为一种独特的建筑材料有造价低、选材容易、无污染、保温性能好、质量轻等优点。新型建筑材料的研发目前也取得了巨大的进步。佟国红对日光温室墙体传热特性进行了研究，证明了聚苯板是一种良好的隔热材料。白义奎研究发现铝箔绝热性能好，其隔绝辐射热的效果十分显著，用这种材料建成的墙体与传统的砖墙相比，传热系数降低了约13%。在国外，Nijskens J.综合天气状况、围护结构厚度和风速对日光温室墙体结构的性能从理论和实验测试方面进行了研究。亢树华等研究表明墙体内填充物质隔热材料的保温性优劣排序为：珍珠岩＞煤渣＞锯末＞空气。在墙体构造方面，日光温室的墙体可以分为单质实心墙体和复合异质墙体。单质实心墙体是单一材料组成的，主要类型有夯实土墙、加草土墙、土坯墙和黏土砖墙，优点在于成本低，施工速度快，保温性能好，但是容易受到风化、雨淋、冻胀的影响，造成墙体的耐久性下降，而复合异质墙体由两种或两种以上的材料组成。近年来，对复合墙体的构成研究很多。有研究表明，日光温室较理想的墙体应由蓄热屋、外侧保温层、中间隔热层组成，而且异质复合墙体的保温效果佳，苯板可作为最佳的保温材料。李小芳等人通过计算墙体热量，对不同材料不同组合的温室墙体从热量传递的角度进行比较分析，评价了墙体对温室的保温作用。

（三）日光温室保温覆盖材料

随着我国设施园艺产业的进步，日光温室也朝着机械化和规模化的方向发展。传统的保温覆盖材料如草苫、蒲席等的缺点越来越明显，出现笨重、不防水、机械化作业困难、质量不均、使用寿命短、污染薄膜、雨雪侵蚀腐烂等问题。近年来，对新型保温覆盖材料的研究成为重点。邱仲华等设计了一种新型复合保温被，材料选用镀铝膜来抑制辐射和对流热损失，芯层选用微孔泡沫塑料来阻止导热损失，取得了良好的效果。陈瑞生等对几种能代替草苫的保温被进行测验，认为复合保温被、双层聚乙烯（PE）发泡片材经改进后可以替代草苫。此外蜂窝结构材料在国际上被广泛应用于太阳能集热器、太阳水池以及太阳房中。徐刚毅提出采用2mm厚的蜂窝塑模两层，再加两层无纺布，外加化纤布做成的保温被，但是这种设计的耐久性太差。

三、日光温室内环境参数研究现状

作物的生长发育不仅依赖于遗传因素，还依赖于其生长环境。环境因素决定了作物遗传性能的可实现性，因此适宜的环境对于作物生长十分重要。温室作为一个农业环境闭口系统，其内部光、温度、湿度等环境称为小气候。该小气候是由太阳辐射、二氧化碳浓度、温度和相对湿度等因素决定的，这些因素之间相互依赖、互相作用、共同影响作物的生长发育，从而影响作物的产量与品质。太阳辐射是日光温室的主要热源，其强度将影响温室内的辐射环境和热环境，对温室内热量的储备、作物的光合作用、生长发育、形态结构及光周期效应有极其重要的作用。

温度对温室内作物生长是综合影响的，它不仅影响植物的光合作用、呼吸作用、蒸腾作用、有机物的合成和运输等生命活动，也会影响温室的土壤温度、空气温度，或通过水肥的吸收和疏导影响植物的生长。此外，不同温度下参与植物代谢活动的酶的活性不同，植物生长对空气温度的要求有最低、最适合、最高温度三个温度基点。温室中不同的作物、同种作物在不同生长期或是同种作物不同品种情况下，对温室内的温度需求仍有差异。通过测试可对日光温室内温度的季节变化、日变化，地气温关系，及其空间分布进行研究。李安桂课题组在山东寿光地区基于冬暖型蔬菜大棚内的微环境进行了研究，分析了温室内气温在水平和垂直方向的分布特点，讨论了棚内温湿度、光照强度分布，以及壁温、土温的变化。赵统利分析了几种不同类型室外天气条件下日光温室内空气温度日变化规律和地温的变化规律。刘旭和刘可群利用日光温室大棚内外温度及当地气象资料，分析棚内温度与外界温度、云量、日照时数、太阳辐射及太阳高度角等气象因素的相关关系。宿文利用流体力学的方法模拟了晴天、多云和阴天室外工况下自然通风日光温室内的微环境变化，探究了在室外不同风速的情况下，室内温湿度和植物冠层风速的空间分布特征，并对室外不同主导风向下工况分析了相应的通风时间，为日光温室提供了通风调控策略。

针对温室内空气温度分布不均，不同位置的植物生长差异较大，范奥华对日光温室内温度样点进行采集，讨论了温室内温度的分布规律，并采用试验验证了计算流体动力学（CFD）构建的温度场模型，采用不同加热策略和风机诱导试验对比了作物冠层温度分布，为温室内温度均匀性调控提供了指导。裴雪还依据非线性回归（NARX）神经网络模型建立了室内实时温度预测模型，预测了基于回归支持向量机的室内夜间最低温度，并结合作物温度和光照临界值构建了日光温室起闭保温棉被的决策模型。王玉晴分析了日光温室番茄在整个生育期的室内温湿度、土壤温度、光合有效辐射和CO_2浓度的变化规律，探究了番茄整个生育期白天温室内微环境参数的适宜性，为提高温室环境调控与管理提供了参考。此外，孙丽发现日光温室边际区域的气温环境与温室中部有明显的差异，指出主要是由于东西山墙的遮阴和"端部效应"导致的。

除温度外，相对湿度对温室内部环境的影响也是十分显著的。当温室内气温超过35℃，温室封闭的环境会使其内部相对湿度过高，高湿条件容易诱发作物的霉病和病虫害。张文艺针对日光温室热交换器建立了除湿模型，包括温室内水蒸气凝结、植物蒸腾、地面蒸发等传湿过程，并通过日光温室显热交换器除湿试验验证了除湿模型，获得了除湿效果的经验公式。毕玉革和武佩根据质量平衡原理，构建了日光温室湿环境模型，在此基础上研究了作物蒸腾作用、土壤水分蒸发、温室棚膜内表面凝结、自然通风和冷风渗透等因素对日光温室湿环境的动态影响。佟国红等人对日光温室冬季相对湿度空间分布，纵向及横向湿度分布进行了测试分析，发现温室内湿度的空间分布与温度正好相反。此外，程秀花采用数值模拟方法，运用计算流体动力学（CFD）中辐射模型、多孔介质模型及组分传输模型分析了两连栋玻璃温室在自然通风工况下湿空气的传质过程。

第二节
日光温室采光性能优化

太阳辐射是日光温室的主要能量来源，既能保证植物光合作用所需的光源，又提供植物生长发育所需的温度条件。因此，要保证日光温室在晴好天气甚至是弱光条件下能够有更多的太阳辐射进入日光温室，则日光温室采光设计的必要优化方向就是要使温室采光屋面可以获得更多太阳辐射，同时也要使温室采光屋面获得的太阳辐射能够更多地透过采光覆盖材料进入日光温室，即较多地截获太阳辐射以及较高的太阳辐射透过率。

能够反映日光温室光环境的重要指标是日光温室内太阳辐射量以及辐射空间分布状况。室外太阳辐射、温室结构、温室方位、覆盖材料、室内植物群体结构等是影响日光温室光环境的因素。然而，影响日光温室光环境的很多因素非人为可控，如影响室外太阳辐射的地理纬度、太阳高度角、太阳方位角等，无法作为采光优化的直接方法，但是可以通过明确理解这些因素的变化规律，以科学合理地进行采光设计，使日光温室光环境得到改善。

一、采光屋面优化

日光温室通过采光屋面获得太阳辐射，采光屋面的特性决定着进入日光温室的太阳辐射量和室内太阳辐射的空间分布。在20世纪90年代，我国学者就开始了以采光屋面为日光温室采光性能优化方向的研究。陈端生模拟计算了不同弧形采光屋面日光温室的太阳直射辐射透过率，结果表明圆面-抛物面组合型采光屋面的日光温室直射光量最多，椭圆面最少，圆面和抛物面居中；同时认为采光屋面的坡度要根据太阳高度角的大小来选择。陈青云以三折式单屋面温室为研究对象，分析了直射光透光率、反射率、室内阴影率与温室方位和温室长度的日变化关系。孙忠富通过模型模拟以数学函数构建6种曲面日光温室的直射光环境，其中摆线采光曲面的日光温室直射辐射总量最多。周长吉利用网格原理，提出一种以透光量为目标函数的日光温室采光面优化方法，通过分析证明其可靠性。亢树华以鞍山地区4座不同采光屋面日光温室为研究对象，结果表明拱形采光面日光温室光效应要好于一坡一立采光面温室。郦伟通过模型计算了寿光地区单坡面日光温室一般天气状况下室内太阳直射辐射量，认为平坡形、拱坡形、优化形温室获得太阳直射辐射总量相差小于2%，是平坡形屋面可以推广的理论依据，但是平坡形屋面较拱坡形屋面抗压能力差，室内有效利用空间和面积小。佟国红应用动态规划设计方法对日光温室结构进行优化，在确定脊高和跨度的情况下可得到最优前屋面形状，且该形状前屋面对比经验设计屋面每米长度可增加温室透光量100～500kJ。李有通过理论计算了圆弧面、椭圆面、抛物面3种采光面日光温室的采光效率、土地使用效率及保温效率：圆弧面采光效率和保温效率最佳，土地使用效率较差；椭圆面土地使用效率最佳，如果夜间保温覆盖更好且需要较高的室内栽培空间，则应选择椭圆屋面。胡波认为西宁地区适当提高高度、缩短跨度并采用抛物线形屋面的日光温室有利于冬季光线射入。王静通过对位于甘肃酒泉市的3种不同屋面形状的日光温室光环境的测定，发现圆-抛物面温室透光率高于其他2种屋面温室，但是其内部光环境在南北方向的分布仍存在明显差异。崔世茂通过对大棚型日光温室与普通日光温室的光环境进行测试，发现大棚型温室透光率及温室内光分布在任何天气下均好于普通日光温室。高志奎通过建立日光温室采光性能数学模型，对4种单一曲线和2种复合曲线屋面进行实用型采光优化分析，发现2种复合曲线平均采光效率较优，实用性好；而且光从膜到达接受光照部位的距离（即光照路程）接近的任何曲线，在相同跨度、脊高、肩高的情况下经过模拟优化，形状最终会趋同。关法春结合西藏林芝市环境特点，运用积分优化方法建立数学模型，并通过计算机程序运行进行采光屋面优化。裴先文用数据拟合法得到南疆巴州地区日光温室前屋面曲线优化的幂函数表达式，通过模拟发现幂函数形前屋面进光量随高度和跨度的增加而增大，但是保温性却随之降低。李家宁通过对双圆组合屋面曲线、直线圆弧组合屋面、椭圆屋面曲线等3种屋面日光温室的光环境计算分析，发现3种屋面曲线总平均透光率相差不大，最大相差1.4%，但是双圆组合屋面更易加工。

二、采光屋面骨架优化

日光温室采光屋面通过合理地采光能够获得最大限度的太阳辐射，采光屋面的骨架结构具有最佳的力学性能，可以提高抗载荷能力，并节省用料。日光温室在高度和跨度尺寸确定的情况下，总进光量因采光屋面曲率的不同影响较小，但是采光屋面骨架的力学特性因曲率的不同而差异较大。对于采光屋面骨架力学特性方面的研究近年来也多有报道。周长吉以北京地区的有立柱温室为例，采用黄金分割优化原理对7种曲线进行力学分析，发现抛物线最大应力最小，但是前段较低不利于操作，而前段拱起较好，后段较平，不利于排水和放帘。刘俊杰对无立柱日光温室骨架力学特性进行优化分析，认为圆拱内应力最小，分段圆弧为最优曲线。侯丽薇通过有限元方法分析了有立柱温室不同屋面曲线及其他几何参数对温室结构性能的影响，发现抛物线的最大应力值最小，且抛物线温室拱架间距、高度、跨度的改变影响骨架应力值。张世叶以温室无立柱为优化目标，将立柱设于后墙内，并与拱架连接为整体，通过结构静力分析，发现墙内拉杆受力最大。卢旭珍对日光温室3种不同钢架形式进行应力有限元优化分析，结果表明方管管型的双骨架斜拉花结构在承载能力、受载后的变形量、单位面积金属耗用量等方面均能满足设计要求，是最佳骨架选择方案。王朝栋对4种曲线日光温室的采光性能和骨架力学性能进行分析，发现综合采光性能和骨架力学性能后，三次样条函数形日光温室前屋面更具实用性。唐中祺分析了2种日光温室钢架结构，表明钢桁架结构受力安全，适宜推广。

三、采光倾斜角优化

日光温室的采光性能既取决于采光屋面形状，又取决于采光屋面的角度。而在某些条件限定下，采光屋面曲率的改变对温室采光性能的提升效果远远弱于改变采光倾角所提升的效果。采光倾角通过采光覆盖材料影响光线的入射角，进而影响温室透光率，采光倾角的优化设计也受地理纬度、温室方位等因素影响。太阳辐射到达日光温室的采光面时，采光覆盖材料对到达其表面的太阳光线存在吸收、反射、透过3种状态，日光温室获得更多太阳辐射时，需要尽可能减少采光覆盖材料的吸收率和反射率。

（一）适宜采光角度的选择

太阳直射辐射透过率与光线入射角密切相关，入射角越小，透光率越大，相应的反射率越小。减少光线入射角可使透光率增加，然而入射角与透光率的关系并非线性变化，入射角为0°～45°时，随入射角增加，透光率变化范围小于5%；入射角超过45°时，透光率变化范围超过80%；入射角为45°～70°时，入射角每1°变化可使平均透光率下降低于1%；入射角超过70°时，透光率剧烈下降，入射角每1°变化使平均透光率下降超过3%。因此在日光温室采光屋面倾角优化设计过程中，使温室采光时段光线入射角在40°或45°内时，该屋面倾角为合理采光屋面角度，满足采光性能要求。

（1）东北地区 丁秀华、宫殿文认为辽宁地区日光温室屋面倾角为34°是合理可行的。陈秋全将位于北纬48°～49°呼伦贝尔地区的日光温室结构参数进行优化，认为该地区日光温室合理采光角为37°～38°。

（2）西北地区 李军通过计算机程序计算，确定了西北地区日光温室最佳屋面角参考值，北纬33°～43°地区最佳屋面角范围为29°～40°。王永宏计算出兰州地区日光温室合理采光角取值为19.5°，但是为确保日光温室有良好采光时段，采光角应增加4°～5°，因此兰州地区日光温室适宜的采光角范围为23.5°～24.5°。宋明军计算了甘肃地区日光温室合理采光屋面角，认为要达到更好的采光效果，需要在合理采光角基础上增加9.1°～9.28°成为合理时段采光角，则甘肃地区合理时段采光角范围为25°～33°。周长吉通过优化"西北型"日光温室结构参数，分析了西北北纬40°以南地区"西北型"日光温室最佳采光屋面角应为30°～34°。庞国平认为河套地区日光温室适宜前屋面角应为29°左右。

（3）华北地区　陈青云通过计算北京地区冬至日午时太阳高度角，认为合理屋面倾角为28.5°～33.5°。

（4）苏北地区　王军伟认为苏北地区日光温室适宜的前屋面角为23°～27°。火玉洁综合分析了不同纬度地区日光温室屋面角的选择范围，北纬34°～36°地区，为25°；北纬36°～38°地区，大于等于27°；北纬38°～40.5°地区，大于等于29.5°；北纬40.5°～43°地区，大于等于32°。

（二）结构对采光角度、透光率的影响

通过创新温室结构，也可以改变前屋面倾角，从而使温室透光率增加。孙周平对彩钢板保温装配式日光温室进行测试，发现该温室采光角可达41.5°，比辽沈型日光温室采光角增加16.3°，透光率提高5.3%，室内横纵向光照分别均匀。刘晓蕊、孙潜进行内保温日光温室光温环境测试，发现增大采光屋面角可提高透光率10%～20%。郜庆炉分析日光温室透光率的日变化，发现其早晚较低，而中午较高，这与太阳高度角日变化有关系。张勇、高文波通过研发旋转屋面日光温室，使采光屋面的倾斜角度可随太阳高度角逐时变化而变化，使温室采光屋面在全天内都能保证太阳光有最佳入射角，可提高温室整体采光率约41.75%。

（三）采光覆盖材料对透光率的影响

采光覆盖材料对温室透光率也有一定影响。常见的采光覆盖材料以玻璃和塑料膜为主，日光温室的采光覆盖材料主要是塑料膜，如聚乙烯（PE）、聚氯乙烯（PVC）、乙烯-醋酸乙烯共聚物（EVA）、聚烯烃类（PO）等。采光覆盖材料在干洁状态下，入射角为0°时，透光率为88%～95%，随着使用年限的增加，出现老化、吸尘等问题，透光率逐渐降低。齐刚对蜂窝塑膜进行测试，发现蜂窝塑膜虽然相较于单层塑料膜透光率下降10%，但保温性可提高30%。

杜红斌比较4种塑料棚膜的透光率，PE-12膜、PE膜、EVA膜、PVC膜透光率依次减弱，4种塑料膜平均透光率在70%以上。闫明明、程强比较PO（聚烯烃）膜、PE膜、EVA膜透光率，发现PO膜透光率可比PE膜、EVA膜分别提高4.5%～4.7%和15.8%。徐增汉对8种采光覆盖材料进行测试，0.5mm PE软材透光率最好，不同材料随南下方倾角的增加，透光率均降低。王楠对多种常用透光覆盖材料光学性能进行分析，发现所有膜对太阳直射辐射透过率、光合有效辐射透过率均达80%以上，EVA膜透光性高于PE膜，不同PE膜透光率也有差异，EVA膜及PE膜均随厚度增加而透光率降低。杨文雄研究了6种采光覆盖材料对日光温室光环境的影响，表明氟素膜（ETFT）、聚酯膜（PET）平均透光率、直射辐射与散射辐射比例、光照辐射分布、地面光辐射照度均最佳，PE膜较差。

（四）方位对透光率的影响

日光温室的方位既影响日光温室对太阳辐射的截获，又影响光线的入射角，同时使建筑材料的遮阴面积发生变化，进而影响透光率和光分布。日光温室根据自身的采光需求，通常是坐北朝南，东西走向。东西走向棚膜对太阳直射光的反射率随纬度的升高而下降，而南北走向却相反。温室的方位决定了日光温室采光时间的起止，也决定了不同地区日光温室是否应该"抢阳"（偏东）或"抢阴"（偏西）。林川渝研究发现方位偏东温室透光率峰值出现时间提前，而方位偏西则后移，每偏东1°，可提早见太阳3.9min，但是偏离程度过大（超多10°），太阳光利用率锐减。如果能够尽可能延长温室采光时间，显然偏东方位更加有利。然而，随着纬度的升高，太阳高度角降低，日照时间变短，同时也更加寒冷，过早使温室采光显然会造成温室气温下降，易发生冻害。因此低纬度地区通常偏东或正南方位，高纬度地区通常偏西方位，但是确定具体方位需要考虑风向、地形等因素。白义奎认为在沈阳地区，南偏西5°～6°可使温室获得最大进光量。宋明军根据甘肃地区不同气候特点，确定了天水等地温室方位正南或偏西5°以内，兰州地区偏西5°左右，河西地区偏西5°～8°（可获得最大进光量）。曹伟通过比例模型分析了方位对温室性能的影响，发现偏西可使温室接收较多太阳辐射的时间后移，建议实际生产中偏离角度不应超过10°。张利华模拟分析了方位对日光温室性能的影响，认为偏东方位可使温室提早揭帘，但是实际中偏东方位对温室增光保温效果意义不大，并以种植模式来确定温室最佳方位角范围，在不同种植模式下，随纬度的升高，偏西角度降低，越冬栽培模式为偏西6°~8°，秋延迟及春提早模式偏西角度可偏大，但不超过10°。薛占军模拟分析了山地日光温室方位对其性能的影响，认为山地日光温室方位角不超过30°，偏东或偏西对平均采光效率的影响较小。杨文雄模拟分析了方位角度对日光温室光环境的影响，认为偏西或偏东5°与偏西或偏东10°对温室总平均透光率影响不大。

四、日光温室内光环境的优化

太阳辐射透过采光屋面进入日光温室内部，太阳辐射分布于温室各个表面，如地面、墙体、后坡等。这些部分不仅是太阳辐射的接受体，同时，地面、后墙也是太阳辐射能量的主要载体。日光温室内太阳辐射时空分布以及分布均匀程度共同影响着作物的生长生理以及温室的热环境。太阳辐射是作物光合生理和蒸腾作用的驱动力，也是构建用来模拟作物生长发育的光合模型的重要参数，太阳辐射量是制约温室作物生产进而影响产量与质量的重要因素。日光温室热环境受益于太阳辐射，对于温室热环境模型和墙体传热模型的构建，太阳辐射量同样是重要参数。地理纬度、温室的围护结构、骨架结构、方位、南北邻栋温室的间隔、压膜线使采光屋面形成的倾角都会影响日光温室内太阳辐射时空分布、均匀性以及温室内各表面的太阳辐射量。通过建立光辐射模型，模拟不同因素影响下的日光温室光环境、室内太阳辐射的时空分布以及均匀性，并估算温室内各表面的太阳辐射量，是优化温室光环境使温室达到优越性能要求的重要合理的方法与途径。

（一）日光温室太阳辐射模型构建及参数确立

郜庆炉分析了日光温室内光照变化规律，结果表明室内太阳辐射量在不同季节不同天气下始终与室外太阳总辐射量呈显著相关性，室内太阳辐射量随室外太阳辐射的变化而变化，因此通过室外太阳辐射便能够对室内太阳辐射进行估算。佟国红通过简化室内各表面的太阳辐射的计算，将室外水平面太阳辐射进行直、散分离，但是这种方法需要提前获得室外水平面太阳辐照度。而在估算室内太阳辐射过程中，需要确定室外太阳辐射数据，或通过实地观测获取实际数据，或通过模型模拟室外太阳辐射获得模拟数据。张素宁建立了一种确定性与随机性联合的太阳总辐射模型，在不同天气状况下，预报准确度、实用性较高。邱国全筛选了准确度更好的晴天太阳辐射模型，该模型可计算任何地方任何一天的任意一段时间内的太阳辐射，包括水平表面、南倾斜面以及竖直面。

日光温室室内太阳辐射模型的建立及数值估算，往往需要选择合适的精度较高的室外太阳辐射模型来提供不同天气状况下的室外太阳辐射预测值。王晓兰根据聚类分析原理，建立逐日太阳辐射模型，该模型在晴天、阴天、雨天3种不同日类型下预测精度较高，补充了晴天太阳辐射模型对太阳辐射序列随机性不能良好反映的不足。姚万祥对比了不同天气、季节等因素影响下几种散射辐射模型的精度。崇伟分析了5种斜面太阳辐射模型在不同天气下的精确度及适用性，对日光温室室内太阳辐射的研究，也不断在完善，并充分考虑了天气等各种因素的影响。陈端生、孙忠富、王静等分析了理想晴天下日光温室的太阳直射辐射。杜军分析了全晴天或全阴天时，温室内太阳辐射的分配。李小芳、郭正昊在构建日光温室太阳辐射模型过程中，考虑了云量对太阳辐射的影响。马承伟构建的日光温室光辐射模型充分考虑了影响室内光辐射的各种因素，如温室结构方位因素、天气因素、采光覆盖材料的雾度、直射辐射与散射辐射不同情况下的空间分布差异等。姜宜琛优化了室外太阳辐射模型的计算方法，简化了计算过程并提高准确度。

（二）日光温室内太阳辐射分布

温室各表面的太阳辐射包括直射辐射和散射辐射，而影响直射辐射与散射辐射的因素不太一致，如太阳的方位与温室的方位影响温室太阳直射辐射量，却不影响太阳散射辐射量，因此估算进入温室内的太阳辐射量，是将直射辐射与散射辐射分开计算。李小芳、高雪分析了日光温室内太阳总辐射以及各表面直射辐射与散射辐射的分布。毕玉革构建了适用于北方干旱地区的日光温室太阳辐射模型，能够准确预测不同天气下到达室内地面的太阳辐射量。韩亚东建立了山墙与后坡对室内任一位置的可蔽视角计算模型，在该模型基础上准确预测了晴天时温室内任一位置太阳直射辐射、散射辐射以及太阳总辐射。王旭构建了计算简便的日光温室太阳辐射预测模型，分析了不同条件下室内太阳直射辐射与散射辐射的时间分布。此外，通过在后墙贴反光膜也可以增加温室的太阳辐射量，但是减弱了后墙蓄热功能，影响温室夜间温度。

（三）日光温室内太阳辐射计量

日光温室室内太阳辐射值的计量通常有三种计算和表达方式，分别为光度学系统（单位为lx）、能量学系统（单位为W/m²）、量子学系统［单位为$\mu mol/(m^2 \cdot s)$］。进入日光温室的太阳辐射既能够提供热量，也能够为作物光合作用提供光源，而能够被作物有效利用的在400～700nm的光辐射称为光合有效辐射（PAR）。研究温室内的光辐射都可以使用以上3种表达方式计量，特别是在计量光合有效辐射时，光量子单位能更好更明确地反映光量子数与光合产量的定量关系。很多情况下，计量太阳辐射时需要将光照度与辐照度进行转换，而太阳辐照度与光照度的关系受具体情况影响，晴空指数和太阳高度角是影响辐照度和光照度的主要因素。在太阳高度角为0°～30°、30°～60°、60°～90°，辐照度与光照度为线性关系，在晴天、阴天、多云条件下，1klx分别约为13.7W/m²、9.6W/m²、10.9W/m²。

五、整体尺寸下采光性能与跨度、高度、后屋面等的关系

日光温室的整体结构参数中，采光屋面角、跨度、脊高、后屋面仰角、后屋面水平投影等参数之间都密切相关。采光屋面角与脊高、跨度有直接关系，在采光设计理论中，冬至日正午太阳入射角为0°时，温室的采光屋面角为理想状态屋面角，与太阳高度角互成余角，此时，在一定跨度时，脊高会到达较高的高度，这在实际中是难以实现的，因此，以合理采光时段理论设计的采光屋面角，能够保证实际中温室最大限度获得太阳辐射，确定合理采光屋面角便可计算脊高以及跨度。刘玉凤对跨度为8m、10m、12m的三座温室进行光温环境分析，表明8m跨度温室平均透光率较高。刘彦辰对不同跨度温室进行光温环境分析，结果表明10m跨度温室光照强度较高，10m跨度温室采光屋面角较为合理，接近理论设计最佳屋面角。金鲜华对不同跨度山地温室进行光温环境分析，认为10m跨度温室的采光性能及其他性能均好于其他跨度温室，且温室在跨度≤10m时性能随跨度增加而增加，在跨度>10m时，性能随跨度增加而减小。王军伟对苏北地区不同构型温室进行分析，发现采光角度较大的温室可以适当增加跨度保证进光量充足，采光角较小的温室可以缩小跨度来提高采光角，跨度较大采光角较小的温室可以提高脊高来增大采光角从而保证进光量。

后屋面是温室的重要组成部分，后屋面的水平投影对于温室采光与保温都有重要影响。后屋面水平投影基于温室种植区最后一排作物冠层全天能接受太阳辐射的条件确定，后屋面水平投影通常为跨度的 20%～25%。曹晏飞计算了后屋面水平投影的范围为跨度的4%～23%，且纬度越高地区后屋面水平投影比例越大，在跨度、脊高确定时，后屋面水平投影比例越小，后墙高度越高。后屋面仰角一般应大于30°，采用40°～45°后屋面仰角设计的温室较多，也有仰角为0°的无后坡温室。

第三节
保温蓄热性能优化

一、保温性能

温室的保温性是衡量温室性能的重要因素，任何温室都是以自身结构来创造相对隔绝外界的环境，使内部环境能够满足作物生长发育所需的能量要求。温室的保温性决定于温室获得的热量与损失的热量之间的动态变化，获得热量的多少、损失热量的多少与快慢直接影响着温室的保温性。温室获得的热量来源有两部分：太阳辐射能和人工辅助额外加温。热量的损失主要通过围护结构发生，通风换气、冷风渗透、地中热交换同样也是热量损失的途径。伴随着全球化的能源短缺，温室的能耗问题与能源供应之间的矛盾日益突出，如何减少额外加温而使温室的生产成本降低以及温室的保温性能提升成为国内外学者们研究的重点问题。对于如何提高温室保温性能，国内外学者们进行了大量研究，主要集中于两方面，一是提高温室热量的获得量（增加温室太阳辐射获得量、采用高能效比及清洁能源辅助加温手段）；二是减少温室通过热损失途径散失的热量。

温室保温性能的提升主要是减少通过围护结构散失的热量而获得，改善优化温室加温方式、采光覆盖材料的选择以及温室增设保温幕都是提升温室保温性能的有效途径，然而利用这些保温措施的温室通常以额外热源来维持室内温度，对于我国北方地区较多的节能日光温室而言，在不加温的条件下要面临更加寒冷的外界环境，显然，以上保温途径难以作为有效改善日光温室保温性能的必要方法而使用。日光温室热量散失的主要部分同样是围护结构，一般可占温室热量总损失的60%以上，甚至可达80%左右，夜间温室热量通过覆盖面（屋面）和墙体向外散失，因此提升日光温室保温性能的关键就是如何合理有效降低围护结构的热损失。

　　日光温室的围护结构由覆盖面和墙体构成。覆盖面也就是日光温室屋面，由前屋面和后屋面共同组成，通常前屋面是主要的采光面，能够尽可能多地透过以及截获太阳辐射，前屋面采用薄型材料覆盖以便进行采光，夜间用厚型材料覆盖以便进行保温；后屋面一般在设计以及生产中主要发挥保温隔热功能，对于后屋面的各参数中，后屋面的尺寸（如长度、厚度）、后屋面的仰角、后屋面的材料选择及结构方式直接影响后屋面的保温性能。墙体作为日光温室重要的组成部分，既要有建筑结构要求的强度与稳定性，也要具备能够调控温室热环境的能力，使其能够在维持夜间温室热环境中起到积极的作用，因此，日光温室的墙体应该兼具保温、隔热、蓄热、放热等功能。

（一）前屋面保温

　　日光温室的前屋面是日光温室的主要散热面，温室的热量损失也主要以辐射换热、对流换热等方式通过屋面而与外界进行传热，因此日光温室的保温性能取决于前屋面的保温能力，而前屋面的保温能力则主要是通过降低或弱化前屋面辐射换热及对流换热而实现，通常以两方面技术措施为主，一是改善覆盖材料的特性从而增强保温性，二是改善覆盖材料的覆盖方式从而增强保温性。

　　日光温室前屋面的覆盖材料包括采光覆盖材料和保温覆盖材料。温室中常见的采光覆盖材料通常为玻璃、塑料薄膜和塑料板材，生产实践中，对采光覆盖材料的选择，不仅要考虑其采光透光能力是否优越、耐久性是否突出，还需要考虑是否具备较好的保温性能以减少能源消耗。日光温室所使用的采光覆盖材料多以塑料薄膜为主，厚度较薄，一般在0.06~0.2mm，其导热热阻较小，热导率的大小对其传热及保温性能影响较小，因此影响采光覆盖材料保温性好坏的主要因素就是采光覆盖材料本身的热辐射特性，即采光覆盖材料对长波红外辐射的透过率、反射率以及吸收率，热辐射透过率高，保温性变差。常见的日光温室采光覆盖薄膜有聚乙烯（PE）、聚碳酸酯（PC）、醋酸乙烯（EVA）、聚氯乙烯（PVC）、聚乙烯-醋酸乙烯复合（PO）、聚氟乙烯（ETFE）、聚对苯二甲酸乙二酯（PET）等，在生产过程中，通过添加红外阻隔剂，能够有效减少覆盖材料对长波红外辐射的透过率，降低温室内向外散失热辐射，从而达到提高保温性的效果。

对于温室采光覆盖材料而言，采光性能和保温性能之间的矛盾与协调一直是学者们研究与关注的重点问题。新型透明保温材料（Transparent insulation materials，TIM）既具备对太阳辐射较高的透过率，也具有较好的隔热性能，其中，蜂窝结构材料便曾被广泛用于太阳能应用领域，如太阳能集热器、太阳房等。我国学者也曾就蜂窝塑膜（塑料蜂窝结构材料）作为日光温室采光覆盖薄膜应用性能而进行研究探索。齐刚认为蜂窝塑膜虽然透光率较普通单层塑料薄膜降低10%左右，但是保温性较之高30%，在室内外温差较大时，保温效果更好；而且在保证透光率不会降低的情况下，可以合理提高蜂窝的高径比以降低温室长波辐射的损失。但是在实践中，由于生产工艺等因素的限制，蜂窝结构高度较小，热辐射透过率较高而导致温室散热量变大，因此，以蜂窝塑膜作为温室覆盖材料时，往往仍需以草帘等保温材料覆盖。

日光温室前屋面所使用保温覆盖材料包括薄型覆盖材料和厚型覆盖材料。薄型覆盖材料多用于温室内覆盖，作为内保温幕来进行温室保温。能够作为温室内保温幕的薄型覆盖材料通常有塑料薄膜、无纺布、铝箔反射型材料等。塑料薄膜作为内保温幕，有较好的节能保温效果，其缺点就是水气透性差，容易使温室湿度过高而影响作物生长。无纺布柔软、透性好，可节能20%～50%，但使用长效性较差，易吸湿变重，操控性弱。铝箔反射型材料有铝箔、镀铝膜、缀铝膜等，以含铝材料与条状塑料编织而成，利用铝箔材料高反射、低发射的辐射特性，可降低温室长波辐射热损失。周长吉分析了缀铝保温幕在连栋圆拱塑料温室中的保温效果以及节能效果，在温室加温期间可使室温提高3～5℃，但由于保温幕闭合不严而漏风，导致节能效果不够理想。崔庆法分析了由聚乙烯膜与镀铝膜组合而成的双层内保温幕的保温效果，使用双层内保温幕的连栋温室可使温室采暖设备启动时间延迟一个月左右，并可保证温室供暖期间温室凌晨温度提高2.5～3.5℃。

内保温幕多用作加温温室的主要保温节能措施，而对于日光温室而言，薄型内保温幕能够起到一定的辅助保温效果，可提高夜间温度0.5～2.3℃，但是节能效果远不如加温温室，而且日光温室的曲面结构在空间和工程技术上对内保温幕的材料选择和卷放操作造成一定影响，使保温幕密封性变差，但日光温室的内保温覆盖对减少前屋面的散热作用不容忽视，因此，研发适宜日光温室的内保温系统意义重大。梁建龙设计了一种仿屋面曲面轨道保温幕卷放机构，可提高日光温室内保温幕卷放效率。

前屋面保温主要以厚型覆盖材料为主，包括纸被、草帘、棉被等以及种类繁多的保温被。草帘是传统的日光温室保温覆盖材料，也是应用最多的覆盖材料，保温性能出色，可减少60%夜间热损失，同时传热系数较低，为2.0W/（$m^2 \cdot K$）左右，保温能力一般为5～6℃；草帘与纸被组合使用来防止秸秆损伤棚膜，保温能力可提高3～5℃，甚至达7～8℃。但是草帘等覆盖材料在生产中存在各种各样的难以回避的缺陷，草帘等材料防水性差，雨雪过后，容易吸湿变重，不仅导致其质量增加，对温室骨架承载能力和安全性造成影响，还会加速秸秆等材料腐烂，降低使用寿命，并污染棚膜，使透光率降低，而且草帘等材料笨重，卷放费时费力，制作原材料质量参差不齐，制作成本也较高。

近年来，新型保温覆盖材料的研发和升级优化持续不断，用以替代草帘等传统覆盖材料，以便更好地适应日光温室集约化、规模化、高效化的发展趋势。新型保温覆盖材料要克服或避免草帘等材料的缺陷，同时具有等同于或优于草帘的保温性能。邱仲华有针对性地研发出一种由镀铝膜、微孔泡沫塑料复合而成的保温被，在保温性、防水性、耐候性等方面效果较好，但是其材料表面强度差，易破损。周新群提出以蜂窝塑膜与铝箔复合作为保温被，能够降低热辐射，达到保温效果，但是配套卷放设备仍需进行研发。周长吉分析了几种复合保温被的保温性能和使用性能，对新型复合保温被的研发和改进提供了思路。徐刚毅提出保温被保温芯材料的选择依据，认为PE发泡自防水保温被综合性能突出。乔卫正筛选可以替代草帘的保温覆盖材料，认为喷胶棉保温被和羊毛保温被性能良好，可作为日光温室新型高效保温材料。

新型保温被的材质、组合、厚度以及放置方式都会对日光温室保温性能产生明显作用。宋明军分析了保温覆盖的保温原理，通过选择隔热性能好的材料、增加覆盖层数以及提高气密性可改善保温性能，认为保温性能出色的保温被是多种材料复合而成，最外层材料应具备较好的防护性，能够防水浸湿而使传热量增大，同时抗老化以延长使用寿命；中间保温芯材是保证保温被能够发挥保温性能的重要材料，通常是具有一定厚度、一定质量、热导率小、隔热能力强的材料，厚度的增加可使材料的热阻增加，质量的增加可提高防风性以及利于卷放；内层材料具备高反射率、低发射率、经济耐用等特点。陈永杰对8种不同厚度的化纤保温被的保温性能进行分析，发现随保温被厚度的增加保温性能增加，但是达到一定厚度时，厚度增加对保温性能的提升不再显著。胡瑶玫对比了3种厚度接近而质量不同的复合保温被的保温性能，认为质量较大且保温层比较蓬松的保温被保温性能最佳，保温层较紧实的保温性略差，而质量最轻的，防风性弱，显然无法在风大地区使用。王玉娟认为增加保温被中静止空气以及中空纤维的含量可提高保温被保温性能。刘晨霞分析了保温被保温性能的影响因素，认为厚度相同的保温材料，单位面积的质量较小、蓬松程度大，保温性好；质量一定时，保温性随厚度增加而增加。

随着日光温室保温覆盖生产实践的需求的发展，越来越多的新型保温被不断被研发应用，极大地丰富了日光温室保温覆盖的选择市场，然而我国日光温室生产所面临的环境各有不同，往往需要根据当地的环境条件来选择适宜的保温被。柴立龙分析了6种不同组合的保温覆盖材料，发现这些材料均无法在满足所要求的保温性、防水性、防风性、抗老化和机械性的同时保证其经济适用性。张放军分析了日光温室保温被的发展现状，认为市场上一些保温被存在很多缺陷而导致其大面积推广不利。陈来生分析了青海地区保温被的使用现状，认为成本高、不防水和材料选择困难是推广使用日光温室保温被的主要制约因素。张锡玉调研分析了多家保温被厂家所生产的保温被，发现各类保温被性能差异很大，缺乏统一的质量标准，在生产使用过程中会出现很多问题。李明研究发现防水保温被在使用过程中防水表面水分会由针孔渗入保温被内部，而且水分难以排除，导致保温被长期处于潮湿状态，使保温性降低。针对这类问题，研发一种新型长效一体式防水保温被，保温被单体之间没有缝隙，防水保温性好，在北京地区测试保温效果好于对照温室。

日光温室覆盖材料的覆盖方式是影响温室保温性能的重要因素之一，日光温室最普遍的覆盖方式就是保温材料的外置式覆盖，即日光温室外保温覆盖。外保温覆盖形式的日光温室保温性能良好，该覆盖形式操作性和实用性较好，然而外置式的保温材料往往易遭受外界环境的影响从而使保温材料的保温性能和使用寿命逐年降低，不利于温室保温节能生产。就保温覆盖材料而言，要兼具保温性、防护性（防水、防潮、防风）、耐久性（抗老化、强度高）和经济性。显然，对于将保温被作为日光温室的外置保温覆盖而言，目前很难有一款保温被可同时满足以上要求。因此，改善温室保温材料的覆盖方式借鉴于温室内保温幕覆盖方式，将保温被放置于日光温室内部的保温覆盖方式称为内保温覆盖。内保温覆盖能够克服诸多外保温覆盖存在的缺陷，例如外保温覆盖的保温覆盖材料由于本身特性以及长期或短期遭受外界环境的影响而导致保温性能和使用性能的下降，而内保温覆盖下，保温覆盖材料受围护结构保护，免受外界不利因素影响，使用寿命得以延长，保温性能得以增强。近年来，关于内保温覆盖温室的结构和内保温覆盖相关配套技术的不断更新。"蓟春型"日光温室为双层拱架结构，以草帘作为保温覆盖材料内置于内层拱架，保温效果好于普通日光温室，但是室内湿度过高而草帘易吸湿变重，加重骨架载荷。内保温日光温室优化了内层拱架，使用防水保温性较好、质量较轻的保温被替代草帘，同时改进了墙体结构，整体保温性能得到提升，使温室可以适应更加寒冷的气候环境。

在实际温室生产过程中，为了抵御极端天气侵袭，往往会采用多层保温覆盖来提高温室保温性能。多层保温覆盖是减少温室通过覆盖层的对流和辐射传热损失，降低温室围护结构散热损失从而提升温室保温能力的常用且有效的保温措施。通常多层覆盖的形式较多，有覆盖材料（薄型覆盖材料、厚型覆盖材料）与覆盖方式（固定覆盖、活动覆盖）的单一形式重复或多种形式结合，常见的有多层固定覆盖、内外活动覆盖、室内搭建拱棚以及地膜覆盖等形式。

不同的多层覆盖方式对温室环境的影响与改善也不同。多层固定覆盖是将两层或三层透明采光材料直接固定于围护结构上，该形式覆盖层的气密性较好，可有效降低因漏气而导致的温室热量损失。傅莉霞分析了多层覆盖塑料大棚应用效果，认为双层膜覆盖大棚日最低气温、日最低地温均好于单层覆盖大棚，其中双层大棚中以平顶式内层结构性能最佳。胡绵好分析了不同覆盖层次塑料大棚温度与光照变化情况，认为双层覆盖大棚气温和地温较单层覆盖大棚分别高1.9~2.0℃和2.0~2.7℃，而光照则总是弱于单层覆盖大棚。杨靖华比较了苏北地区连栋单层温室和双层温室的小气候特点，认为在早春季节，每增加一层覆盖，可使最低气温提高1.2~3.6℃。李以翠分析了双层充气膜温室的保温性能，认为双层充气膜温室可比单层膜温室室内温度提高3~4℃，不但可以减少冬季温室加温时间，温室在北京地区使用可每年降低约36%的燃煤量，而且双层充气膜温室也能够比同类型的双层膜温室温度提高1.2~2.5℃。但是，多层固定覆盖温室透光率随覆盖层数增加而下降，双层覆盖透光率较单层覆盖可降低10%~15%，而且多层固定覆盖在安装固定上对工程技术的要求要更高，对降低覆盖材料表面冷凝水的要求也更高。此外，中空塑料板材覆盖也能达到多层固定覆盖的保温效果，保温机理与双层充气膜类似，节能率和透光率均好于双层充气膜覆盖，但是，中空塑料板材造价高，边缘易进水汽、灰尘，影响透光。

内外活动覆盖是在温室固定的采光覆盖层内侧或外侧增加数量不等的保温覆盖材料，白天收拢以保证采光，夜间闭合以增强保温。活动的保温覆盖材料种类、形式、数量可根据想要达到的保温效果而选择。温室中以内活动覆盖形式的内保温幕应用较为广泛，而且大多数内保温幕兼具保温与遮阳两种效果。为了提升温室保温性能，温室中采用不同方式的内保温幕。蔡龙俊分析了温室中有无保温幕时的保温性能，认为铝箔保温幕理论节能率可达44.3%。王吉庆为了降低内保温幕的成本，采用了醋酸乙烯（EVA）膜作为内活动覆盖，认为增加1层醋酸乙烯（EVA）膜可提高温室内外温差1.9℃，增加2层醋酸乙烯（EVA）膜后温室内外温差还可提高1.6℃。在温室内搭建拱棚可进一步提高温度，随着覆盖物的增加，保温效果具有累加效应，而且拱棚内再增加地膜覆盖也能够改善土壤温度。

（二）后屋面保温

后屋面保温在日光温室保温中的作用不可忽视，在日光温室保温设计中，后屋面主要发挥保温隔热作用，一般来说热阻值要比墙体高30%左右。因此，后屋面在工程建造上和材料选择上往往异于前屋面和墙体，通常将后屋面在结构上确定为外层防水隔水、内层隔热承重的多层结构，选择的材料也要求具备自重小、抗压强、防水性好、保温隔热性能出色、造价经济实惠、取材简单方便等特点。后屋面的材料有较为常见的廉价易得的材料，如草帘、秸秆、干土、水泥板、石灰、炉渣、混凝土等，也有新型高效的材料，如聚苯板、玻璃棉、聚氨酯、矿棉、涤棉等。

后屋面保温性能的实现是结构、材料的有机组合，后屋面的构造方式、厚度以及材料的选择一直是优化改善后屋面保温性能的重点问题，在较早温室后屋面的材料选择上，多以秸秆、炉渣等轻质、干燥、疏松且隔热的材料为主，外侧覆以塑料膜、油毡等防水材料，其厚度也往往较厚，在河南、山东等地，厚度为30~40m，在东北、内蒙古、河北等更加寒冷地区，厚度可达60~70cm。后屋面的厚度在理论与实际中存在一个合理的范围，厚度达到一定程度，后屋面的保温性能不会有太明显的变化。李小芳分析了石灰浆、石棉瓦、聚苯板、稻草等材料以不同厚度组合构筑成后屋面的散热性能，认为增加厚度会有提高保温性能，但是厚度继续增加，保温效果不再明显，还易造成材料的浪费。王云冰在对日光温室后屋面材料的保温性与经济性的优化选择中，优选了挤塑聚苯板作为适宜构筑后屋面的保温材料。

后屋面的保温优化一直与时俱进，与因地制宜而成的日光温室的优化是联系紧密的整体，随日光温室自身的优化而达到增效的目的。后屋面的保温优化是考虑保温性与经济性协调作用的结果，近年来，随着日光温室的发展，后屋面的保温形式也发生了较大变化，后屋面保温的表现形式大致包括以下三类。

（1）传统型　后屋面保温与前屋面保温、墙体保温相互独立，各自发挥其保温作用。

（2）一体型　后屋面保温参与前屋面保温或墙体保温，前者是由保温覆盖材料全部覆盖前后屋面，依靠保温覆盖材料发挥后屋面的保温性能；后者是后屋面骨架与后墙骨架为一体结构，直接以轻质保温材料作为后屋面与后墙的围护保温材料。

（3）弱化型　由于日光温室采用其他比较有效的保温措施或为了节省成本，使后屋面设计热阻与前屋面热阻趋同，导致了后屋面的保温作用在温室整体保温性能方面并不突出，如无后屋面的日光温室、内置式保温被的日光温室等。

（三）墙体保温

节能日光温室适宜热环境的维持与保证，依赖于围护结构最大限度地降低日光温室内外的热量传递，使热量的传递减至最低，并将温度控制于一定合理范围之内。日光温室的围护结构是其热量散失的主要部分，降低围护结构的传热量，是以增加围护结构的热阻而实现的。所有的建筑材料虽然都有一定的热阻和热容，但是大多数建筑材料并不能完全满足建筑物对保温性的需求，因此需要不断增加高热阻的材料使墙体能够具有足够的保温性能。显然日光温室的墙体对保温性能的要求要甚于民用建筑，以减少室内热量向外传递来维持能够适宜作物生长的温度环境。

在日光温室创新发展的较长时期内，日光温室的保温蓄热性能的改善一直是日光温室结构性能优化的重要体现，陈青云分析总结了过去几十年日光温室理论与实践的发展成果，将日光温室保温蓄热机理、实现方式以及日光温室结构要素明确透彻化，成为构建科学严谨的日光温室理论体系最重要的组成内容。

我国日光温室的发展雏形始于二十世纪二三十年代的辽宁省海城市与瓦房店市等地，之后的一段时间内，尽管日光温室结构与性能方面有一定的改善，但是文献考证认为，日光温室性能历史性的突破是以改革开放初期（二十世纪八十年代），在海城与瓦房店等地日光温室在不加温条件与–20℃外界环境下，实现黄瓜安全越冬生产为标志。同一时期，全国专家学者学习总结日光温室在各地的推广经验，逐步构建日光温室的理论体系。在日光温室理论与实践的日臻成熟完善的过程中，墙体的保温设计理论对日光温室理论体系的完善至关重要。

轻简高效节能的墙体保温设计理论是指在明确墙体的传热特性后，不断完善的墙体保温设计理论，不仅可以指导当前已存在的墙体结构类型并对其进行性能优化，还能顺应日光温室产业乃至设施园艺产业的发展趋势，为创新理论发展提供良好的思路与稳固的基础。

推动日光温室向"多、快、好、省"发展的必然趋势是以我国经济的稳健持续增长以及科学技术的迅猛发展为前提的，也是符合我国国情的发展之路。日光温室建设规模工业化、建设快速高效化、建设标准规范化、土地利用率以及投入与生产成本节省率提高也是日光温室结构与理论发展的重要方向。创新墙体保温设计理论与实践，很大程度上体现发展趋势的要求。较长一段时间内，关于墙体实际中的设计通常采用冻土层法和低限热阻法。以冻土层法设计的土质墙体在实际中不仅厚度过大，也缺乏充足的理论支撑。以低限热阻法设计的墙体，能够保证墙体发挥以隔热为主的保温性能，但是无法反映墙体的蓄放热状况及其热性能。通常来讲，保温性能实质上是由蓄热和隔热两部分组成的综合性能。以现有的材料与技术而言，隔热材料发挥的隔热作用并不是制约保温性能的主要原因，甚至不会引起质变，反而如何提升墙体的蓄热能力是提升温室性能与创新墙体保温设计理论的重要方向。

墙体的轻简化与高效蓄热理论是能够实现保温性能提升的两条重要途径。李明分析了实际中普遍存在日光温室土墙厚度盲目增大的现状，结合墙体传热特性研究，对土质墙体厚度进行优化，并提出墙体轻简化理论。该理论认为在保留墙体蓄热层的同时，采用与墙体保温层厚度热阻等同的保温材料（聚苯板）来替代原有保温层，可以极大减少墙体厚度，而且模拟结果表明该墙体的夜间供热量变化不大，因此用保温材料替代土质墙体保温层来减薄墙体厚度在理论上可行。史宇亮分析了不同厚度土墙的蓄放热特性，认为晴天时薄厚墙体的蓄放热量值相差较小，而阴天时虽然厚墙体放热量要明显高于薄墙体，但是对改善热环境的效果有限；从土地利用和温室轻简化角度考虑，薄墙体也能达到满足产生和节约土地的双重效果。随着墙体建筑技术的不断更新进步，土质墙体的建造从较早的人工干打垒墙体，升级为机建墙体，之后又推出的机压大体积土坯墙，建造速度加快，强度增加，同时机压大体积土坯墙墙体厚度也能控制在合理范围之内［厚度仅为机建土墙的（1/5）~（1/3）］，而且土坯块内可以预留通风管道来增强墙体内部蓄热，挤压大体积土坯墙也是实现墙体轻简化的重要表现。

墙体轻简化还有一种表现形式是墙体的蓄热功能和保温功能的分离，采用主动非墙体材料蓄热的方式来替代墙体的蓄热功能，用预制装配式复合墙体、保温被墙体、发泡水泥墙、聚苯乙烯泡沫空心砖墙、岩棉彩钢板等来实现墙体的保温隔热功能。

墙体高效蓄放热是通过改变墙体的构筑方式、使用高热容材料以及采用一些人为干预的技术手段主动控制墙体蓄放热的理论与实践方法。日光温室后墙表面所接收的太阳辐射对墙体温度变化的影响仅为墙体厚度的1/3，墙体蓄热能力有限，温室内盈余热量无法被有效利用而白白损失。如何在墙体合理厚度设计范围内增加墙体的蓄放热量？研究者们从理论与实践中提出两个方向，其一为提升墙体表层的蓄热能力，比如改变墙体表面构筑方式来增大与太阳辐射和室内空气的吸热接触表面积，采用相变材料及其墙块制品、水体管道与幕墙等蓄热方式；其二为增强墙体深层次的蓄热能力，比如将墙体内部做成空腔或预留风道，并在墙体表面开进风与出风口，通过与室内空气进行自然或强迫对流使墙体内部材料蓄热。

墙体的保温设计理论对于日光温室本身结构能否发挥实际性能意义重大，也影响着日光温室产业乃至设施园艺产业的创新发展，甚至是其本身所具备并附带的价值对于社会效益和经济效益的进益有见微知著之效。墙体保温设计理论的完善与创新，不仅能够指导旧式温室的节能化改造，使其热环境调控能力提升，还能为目前与今后温室节能高效化更新换代提供坚实理论与实践基础，并推动密切相关的伴生技术（如温室蓄热技术等）的进一步发展。

（四）墙体保温性能的体现

墙体的保温性能是多种因素综合作用的结果，其实质是依托墙体本身的热量载体特性发挥自身能够影响室内热环境稳定的作用，具体表现为使结构、材料、厚度三个方面相互结合从而体现蓄热、隔热性能。墙体结构的选择、材料的优选、厚度的确定相辅相成，共同影响着墙体的保温性能。材料的优选决定了结构形式与厚度，适用材料的增加也促进了结构的创新和厚度的合理优化；结构的选择一方面是厚度合理优化的结果，另一方面也为材料的选择与应用提供更多发挥空间；厚度的确定既反映了材料获得最佳效果的合理化应用，又体现了结构不断推陈出新的可行性与重要性。

1. 墙体材料的优选

构筑日光温室墙体的材料种类很多，大体上这些材料可归纳为两大类，其一为强度支撑材料，其二为性能保障材料。强度支撑材料主要满足墙体在建筑结构方面的要求——坚固耐久，安全稳定，如土壤、黏土砖、石料、混凝土及其制品、钢材等——这类材料较为普遍或者是在温室所在地区易于获取；性能保障材料主要满足墙体能够给予温室内适宜热环境的要求，蓄积热量，减少散热，如聚苯板等保温材料、相变蓄热材料、非普遍材料（农业秸秆、砾石、沙、石灰、珍珠岩、炉渣、水等）——这类材料通常以依附、混合或填充的形式来发挥作用。

实际中，早期由于受资金、技术等因素限制，日光温室墙体的材料往往兼具强度支撑与性能保障双重功能才能使墙体发挥正常的保温性能，而这也导致某些材料的用量往往需要达到一定程度才有效果。

土壤作为日光温室墙体材料，应用最为广泛，具有廉价、易取材、易施工、热惰性较大等特点，土质墙体日光温室也分布于全国大部分地区。随着机械化建筑土墙技术的提升，土质墙体的建造效率不断加快，但是由于夯土热导率较大，要想获得兼具强度支撑和性能保障的土质墙体，往往会不断增加土墙厚度来保证墙体的保温蓄热功能，而这也容易造成墙体占地面积过大，土地资源浪费，而且土质墙体使用寿命较短，更易吸湿而使墙体含水量增加，导致失稳坍塌。

石料构筑而成的墙体，在保温性能和结构安全方面都表现上佳，但石墙通常较厚，厚度在1m左右，石块砌筑的墙体在施工上费时费力，不仅需要筛选体积较大的石块作为底层，还需利用砂浆将石块缝隙填实。采用钢筋笼式填充砾石法构筑的墙体实践证明可行，砾石之间的孔隙对保温蓄热性能有明显增强效果，但是实现笼式砌筑石墙性能提升的前提则是需在石墙外侧增加其他材料来保温隔热，如墙外侧贴聚苯板、墙外侧堆砂等措施。

黏土砖墙体坚固耐用，显然在结构安全稳定上优于土质墙体，同等厚度的纯黏土砖墙热导率虽高于土质墙体，但是造价更高。纯黏土砖墙传热量较大，热稳定性较差，建造的墙体至少保证0.36m厚才利于室内气温稳定，但是对于严寒地区，0.36m厚砖墙也无法用作日光温室墙体，而且黏土砖只能作为墙体的蓄热材料，增强黏土砖的保温性能则需采用不同的墙体构筑方式和使用不同的构造材料来实现。

随着限制使用实心黏土砖等能耗高、破坏资源与环境的传统建材以及日光温室建造技术的提升，如何利用有限的黏土砖资源来提升墙体保温性能以及墙体建造材料由重质实心向轻质的必然转变，是今后墙体发展的重要方向。

混凝土及其相关制品是应用广泛的建筑材料，混凝土制品（如加气混凝土、钢渣混凝土、陶粒混凝土等）可以替代实心黏土砖作为日光温室后墙的建筑材料，其中加气混凝土砌块最常用。加气混凝土材料是唯一能够满足节能50%的单一材质外墙材料，在热工性能和结构安全性方面均能达到替代实心黏土砖作为后墙材料的要求，经济性方面也可行。张立芸认为厚度为500mm的加气混凝土砌块墙可达到甚至超过580mm厚砖墙的保温蓄热效果。王宏丽比较纯砖墙、加气混凝土墙、砖墙+珍珠岩以及砖墙+苯板四种墙体热性能，综合考虑热阻和热惰性指标，认为加气混凝土墙体热性能最优。除了加气混凝土之外，钢渣混凝土也是可以替代实心黏土砖作为日光温室墙体的建筑材料，其热导率和蓄热系数都介于实心黏土砖和加气混凝土之间，较实心黏土砖而言更适合做保温材料，较加气混凝土而言更适合做蓄热材料。杨仁全模拟分析认为蓄热性能方面钢渣混凝土墙次于红砖墙，却优于加气混凝土墙。

钢框架结构在工业民用建筑中是应用较为成熟的一种结构体系，仅由梁、柱作为结构承重构件的结构形式，该结构中多以钢结构构件或钢筋混凝土构件作为梁柱承重，中间填充新型轻质材料。后墙是日光温室的主要的承重结构，日光温室所有的荷载最后都传力给后墙及基础，随着构筑墙体的新材料与新技术的不断涌现，采用钢结构作为后墙承重支撑理论分析与实践证明均可行，而且后墙中也可以填充轻质保温隔热性较好的材料或是依托其他保温蓄热手段来实现后墙保温蓄热性能的提升。崔世茂设计出采用钢管焊接成拱圆形骨架的大棚型日光温室，在后墙与后坡可覆盖聚苯板和保温被，可实现冬季温室保温，造价低于砖墙日光温室，由于缺少蓄热机构，该温室在中原地区的使用效果应该要好于北方高寒地区。白义奎针对常用日光温室骨架的缺陷与不足，提出一种落地装配式全钢骨架结构，该骨架在施工速度、承载力、耐久性以及钢材节省方面均较好。黄红英构筑了秸秆块后墙日光温室，该温室以钢结构作为墙体支撑，填充秸秆块作为保温蓄热体。周波设计了轻简装配式日光温室，该温室骨架由前后镀锌钢骨架等部件组成，后骨架内安装预制装配式复合墙板（水泥板–聚苯板–水泥板复合结构）作为保温隔热后墙，温室内采用悬挂于后墙的集热板加热循环水的主动蓄放热系统进行温室蓄放热。

传统温室作为承重用的单一材料墙体，难以同时满足较高的隔热、保温要求，更何况日光温室墙体应具备蓄热、保温、隔热的多重需求。土质墙体、纯黏土砖墙、石墙这类墙体蓄热系数较大，但是无论厚度如何，保温蓄热性能也无法优于有保温蓄热材料参与的异质复合墙体，因此采用不同材料组成的墙体，既能具备较好的保温蓄热性能，又能使墙体轻简化从而实现资源节约。

通常来说，日光温室的墙体内层主要具备较好的蓄热放热性能，外层则具备较好的保温隔热性能，因此性能保障材料大体可以分为两类，一类为主要发挥保温作用的材料，其特点为热阻较大，热导率较小，可以减少热量的损失；

另一类为主要发挥蓄热作用的材料，其特点为蓄热系数较大，热容较大，可以蓄积更多的热量。

常见的日光温室墙体保温材料种类较多，这些材料在参与墙体构筑的过程中，因其物理状态的差异，则可归纳为两类：松散状态的保温材料与压制成形的保温材料。

松散材料有珍珠岩、炉渣、锯末、岩棉、生石灰、陶粒、蛭石等，这类材料主要用于填充墙体之间的空腔，解决墙体内夹层的空气对流，从而减少热量的流失，但是这类材料易吸湿膨胀下沉，导致保温性下降，甚至影响墙体承重。此外，土也是可以填充墙体空腔夹层的松散材料，既能保温，又可蓄热。

成形保温材料主要是聚苯板等新型保温材料，如聚苯乙烯泡沫板（EPS）、聚苯乙烯挤塑板（XPS）、缀铝箔聚苯板、聚碳酸亚丙酯泡沫板（PPC）、聚氨酯、酚醛酯等，这类材料热导率更小，多置于墙体夹层间或贴附于墙体外侧来提高墙体保温性能，并有效阻挡热量向外传递。李小芳认为砖墙加聚苯板能够明显提高墙体的保温性能。白义奎分析认为缀铝箔聚苯板空心墙有较好的隔热保温性能，传热系数较同厚度的砖墙及夹心墙分别降低约80%及13%，而且铝箔结构防水性更好、造价更低。于锡宏对比四种新型保温材料的保温性能，认为热阻相同情况下，聚氨酯保温效果最佳。周莹探讨了全聚苯板墙体的可行性，认为聚苯板墙仅作为墙体的隔热材料，在暖冬地区或可将厚土墙改造为全聚苯板墙，但是恶劣的天气情况下则需及时采取必要的加温措施。张义对于后墙以水泥板（8mm）+聚苯板（150mm）+水泥板（8mm）复合结构装配而成的温室，则采用水介质主动蓄放热系统进行热量蓄积与释放，可以较砖墙温室冬季夜间最低气温提高5.4℃。成形保温材料除了以板材形式出现外，生产中还存在以发泡聚苯乙烯制成的具有凹凸切口、无须黏结的聚苯乙烯型砖，该砖砌筑后具有空腔，可填充钢筋混凝土，以该砖砌筑而成的墙体承重性保温性俱佳，但是墙体的蓄热性能则需要依靠墙体内侧填土而实现。

农作物秸秆材料在日光温室保温性能方面一直扮演重要角色，日光温室前屋面和后屋面往往采用秸秆材料覆盖来增加温室的保温性能，以稻草等秸秆编织的草帘覆盖前屋面是最普遍的利用方式。近年来，将秸秆材料应用为日光温室墙体材料的研究也取得了一定的成果。稻草秸秆、麦秸、黄麻纤维是应用较多的材料。由于秸秆材料普遍存在易吸湿腐烂的问题，秸秆块成形时，秸秆的含水率对秸秆块墙体耐久性有重要影响。杨旭通过试验分析认为气干稻麦秸秆含水率不超过16%的情况不利于微生物生长，有利于秸秆长期储存，而且秸秆砖的含水率比秸秆砖密度更易影响秸秆砖的热工性能。武国峰通过试验也进一步明确了秸秆块墙体具有较好的保温性能，可有效阻止热量通过墙体向外传递。魏斌研究认为黄麻纤维比小麦秸秆吸湿性更低，解湿性更好，而且黄麻墙体比砌块墙体隔热效果更好。何向丽通过比较黄麻板温室与黏土砖温室性能，认为黄麻墙体温室具有较好的保温隔热性能。秸秆块作为后墙材料最大优势是可进行拆除，冬季安装起保温吸湿作用，夏季拆除提高通风降温效果，实现冬夏兼用。秸秆块墙体通常为半拆除墙体或全拆除墙体，这两类墙体温室在冬季内部温度无显著差异，但是在夏季全拆除墙体通风口尺寸最大，室内温度最低。此外，秸秆块墙体不但提供了秸秆的消耗利用新途径，来替代砖墙或土墙，减少土地资源浪费，而且秸秆块墙体建设维护成本更低，但是，由于秸秆本身热容量较低，蓄热能力较差，因此，秸秆块墙体温室的蓄热性能仍需进一步优化提升。

日光温室墙体能否在有效采光时段内高效蓄积太阳能，墙体构筑材料的热工性能（热阻、比热容、单位体积质量）是重要的影响因素之一，目前日光温室墙体普遍采用的是被动式显热蓄热材料，如砖墙、土墙等，这些材料的热工性能主要表现为热阻性，而在显热蓄热过程中，则往往需要较大的温差，显然，其蓄热性能相对较弱。相变蓄热材料能够在恒温或近似恒温条件下蓄积和释放大量的热量，作为墙体蓄热材料既能够提高太阳能利用效率，同时也能够维持温室内部温度环境的适宜与稳定，能够在白天温室内热量过剩时储存富余热量，再在夜间热量不足时将热量释放出来，具有白天"移峰"、夜间"填谷"的作用。

相变材料的种类繁多，能用作蓄热的材料仅为其中一小部分，而能够用于温室的相变蓄热材料还要满足以下条件：一为植物生长环境友好性，即相变材料的相变温度为植物生长适宜温度范围，且不会产生对植物生长有害的物质；二为功能安全稳定性，即相变材料潜热蓄热大，体积膨胀率小，化学稳定性好，不外渗，不腐蚀，可长期循环利用；三为经济适用性，即价格低廉，来源丰富。

2. 墙体厚度的确定

减少建筑围护结构的传热损失对降低建筑采暖能耗起着决定性的作用，通常总热阻R和热惰性指标D是评价建筑围护结构保温性能的主要参数，既能反映围护结构的传热量，又能体现室内温度的稳定性。然而，对于日光温室来说，墙体不仅要具备良好的保温性能，来减少热量的损失，还要具备良好的蓄热性能，能够给温室提供充足的热量。因此，日光温室的墙体通常应尽量采用较大的总热阻R和热惰性指标D，同时总热阻R要不小于低限热阻R_{min}。

通常提升日光温室墙体保温性能的方法是通过增大墙体材料的厚度提高墙体热阻，在一定厚度范围内，墙体热阻增加，保温性能增加，陈青云通过动态模拟分析了墙体厚度对室内温度的影响，认为墙体厚度由 50cm 增加至100cm的温度增幅要高于由100cm增加至200cm，显然过分增加墙体厚度，并不能明显提升温室保温效果，但是墙体厚度200cm的温室气温仍高于其他两个墙体较薄的温室。而实际中普遍存在盲目增加墙体厚度来提高保温性能的情况，其结果往往是导致墙体厚度过大，造成土地资源浪费、生产成本增加等问题，反而保温蓄热性能提升不大。

优化墙体厚度，探究合理墙体厚度，对于保证温室热环境以及生产成本节约与生产效率提升有重要意义。合理墙体厚度的优化，与墙体材料、结构有直接密切的联系。如何确定合理墙体的厚度，其一在于优化单一材质墙体的厚度；其二在于通过选择适宜材料进行组合，形成既能够保证墙体性能又能够降低墙体厚度的复合墙，并优化各材料的厚度使之达到效果最佳厚度。

3. 墙体结构的选择

日光温室墙体的作用是为温室内热环境营造良好有利的氛围，在建筑结构安全稳定耐久的基础上，既要减少室内由墙体向室外散失的热量，也要保证墙体对于周围环境温度波动具有一定的抵抗能力，从而能够维持室内温度相对稳定。研究表明，同材料、同厚度的不同材料墙体组合方式，尽管热阻与热惰性指标等热工参数相同，但是墙体的传热特性显然并不一致。因此，墙体的结构与厚度、材料都能够导致墙体热效应性质的改变。通常认为结构优化研究的起点或者基础是使该结构墙体能够具备内侧蓄热、中间保温以及外侧隔热或者是内侧高容、外侧高阻的功能与特性，并以此起点或基础上，进一步赋予该结构墙体在蓄热或保温方面的性能强化。

日光温室的结构形式通常按照材料的性质、材料的组合方式在墙体厚度或高度方向的分布差异而大致分为两类：同质墙以及异质墙。

同质墙是以一种或同种材料作为主体功能保障材料的墙体，如土质墙体、纯砖墙体、石墙体、保温板墙体、秸秆材料墙体以及柔性材料墙体，过往使用以及开发的同质墙体大体以这些为主。

异质墙体是有两种及以上不同材料按照一定的方向制成的具有多层次且构型相对整齐的墙体，异质墙体主要可分为两类：实心较为致密结构的异质复合墙和具有一定体积密闭或流动空气腔（空气夹层、空气管道）的异质复合墙。

二、蓄热性能研究

节能日光温室以太阳辐射作为该温室系统运行的主要能量来源，白天温室的围护结构、土壤等蓄热体能够将部分太阳辐射蓄积起来，而在夜间温室内部温度下降后，蓄热体则源源不断向室内释放热量，来维持适宜的室内热环境。长久以来，日光温室不得不依赖热水、电热、热风等采暖方式进行加温才能在冬季正常生产运行，尤其是在高纬度寒冷地区，能耗更高。显然，这种加温模式下的温室生产运行很难达到降低成本、提高经济效益的目的，同时还会造成资源浪费、环境污染等严重问题。究其根本，保温蓄热性能的不足是长期制约日光温室高效运行的主要影响因素。日光温室围护结构的热量损失可占温室热量总损失的60%以上，专家学者通过优化温室结构、使用热导率更小的材料降低围护结构传热量等方式，使温室的保温性能得到明显提升，然而，日光温室保温蓄热性能的提升，不仅仅是依靠"节流"来减少热量损失，更需要通过"开源"来获得或蓄积更多的热量。因此，通过材料、结构、设备以及技术等多角度多途径的协同配合最大限度利用太阳能是提升日光温室蓄热性能的重要方法。

从能量获得方式或来源而言，蓄热性能的优化包括两方面：其一为利用室外充裕的太阳能；其二为最大限度增加温室太阳辐射获得量和最大限度利用室内太阳辐射能。从能量蓄积的使用效率而言，蓄热性能的优化包括被动蓄热与主动蓄热两方面，被动蓄热是仅依赖蓄热体自身的热工特性而进行蓄热的非人为控制的热物理过程，主动蓄热是根据高效蓄积富余热量的需求来人为控制蓄热体蓄放热量多寡与时间的方法与技术。从室内太阳辐射在各个围护结构的分布状况而言，土壤和后墙表面的辐射量可占室内总辐射量的81%～92%，而通常情况下，后墙和土壤都具备较强的蓄热性能，因此，结合能量的来源、分布以及利用效率，蓄热性能的优化方式则可以分为墙式蓄热载体蓄放热技术与非墙式蓄热载体蓄放热技术。

（一）墙式蓄热载体蓄放热技术

墙式蓄热载体蓄放热技术是依托于墙体并一定程度上可以替代墙体蓄放热的蓄放热技术，或者是以墙体为蓄热体，通过材料、结构、相关技术的综合应用，增强墙体的蓄放热能力。

1. 依托式墙式蓄放热

太阳能的应用最大的困难在于太阳辐射的分散性和断续性，为此，针对分散性，可采用增大吸收面积、提高集热效率的方法；针对断续性，可将太阳能转化为其他形式的能量储存起来。通常，日光温室中提高太阳能利用效率的方式是在后墙上悬挂集热器，通过集热器最大限度蓄积太阳辐射，达到替代墙体蓄放热的效果。王顺生设计了悬挂于后墙钢筋拱架的小型内置式太阳能调温集热装置，该集热器为类平板式，由三层薄膜构成，内部具有管状单元以保证热水流动，该装置可提高夜间气温1.7～3.2℃，较外置式太阳能集热器投资小。张义设计了水幕帘蓄放热系统，该系统由水幕帘、蓄热水池、水泵以及管道组成，水幕帘由内外两层透明塑料膜以及中间黑膜构成，依托于墙体，白天通过水循环方式吸收后墙表面的太阳辐射，并将热量存储在埋于地下的保温水池中，夜间释放热量提高室温；该系统可使夜间温度提高5.4℃以上，而且完全可以替代墙体的蓄热作用，使墙体只保留保温性能。梁浩针对水幕帘透明薄膜长期运行中透光率下降的问题，采用了双黑膜的集热水幕帘蓄放热系统，经测试该系统可提高夜间温度4.5℃以上，平均集热效率为42.3%～57.7%。方慧针对透明膜与黑膜的水幕帘柔软易损且光吸收率低等问题，采用了金属膜集热器，该装置明显优于双黑膜集热器，集热效率可达83%。杨英英设计了墙挂式太阳能辅助加温系统，该系统采用放置于室外温室顶部的真空管集热器，真空管集热器吸收太阳能使管内水加热，用水泵使热水从蓄热水池到墙体上蛇盘布置的散热管道中循环流动释放热量，该系统可使气温提高0.9～4.5℃。佟雪姣采用PC阳光板作为墙体悬挂集热装置，该装置中水在阳光板间隔空腔中循环流动进行热量蓄积与释放，经试验测定，加8mm厚透明阳光板蓄热可提高4.48%～19.22%，水流量为4.4～4.5L/h，阳光板吸收热量最多，而且该太阳能蓄热系统具有冬季增温、夏季降温的效果。郭建业优化了后墙金属板集热水循环蓄热系统，采用了蓄热水罐来存储热水，该系统在极端天气条件下，可提高平均气温3.65℃，夜间温度至少提高3℃。徐微微设计了采用中空板作为后墙集热放热装备的水循环主动蓄放热系统，中空板中水流以自下而上的方式溢出，利于中空板孔道内空气排出，从而提升集热效率，试验结果表明，系统集热效率最大可达0.93，晴天蓄热温升高于阴天，集热装置接收的辐射照度越高，蓄热温升越显著，系统集热量在水流量3.3～5.9m³/h范围内随着水流量增大而增加，而且较其他太阳能利用系统成本相对较低。

2. 增强式墙式蓄放热

墙体是日光温室最重要的蓄热结构，然而往往由于墙体材料的热工性能因素的影响，常规墙体材料通常蓄热能力有限，因此通过采用相变蓄热材料等具有较高蓄热能力的材料作为墙体的蓄热体，是能够增强墙体蓄放热能力的可行方法。直接利用相变材料来提升蓄热能力的方式通常是将相变材料搭载于一些材料载体内，作为墙体表面或墙体内侧的蓄热结构。常见的相变材料搭载形式主要包括相变砌块、相变墙板以及相变砂浆。相变砌块既具有高效蓄热性能，还可以是墙体承重主体；而相变墙板和相变砂浆只发挥蓄热性能。

张立明、张勇等将已优选出的相变材料封装后置于砌块空腔中制备成相变砌块，具有较好的蓄热性能，但是相变材料会出现渗漏现象。孙心心、王宏丽等采用稻壳与聚苯乙烯颗粒作为吸附相变材料的载体，与水泥等材料混合制成相变砌块，改善了相变材料渗漏现象。韩丽蓉使用封装塑料盒来封装相变材料，也能解决渗漏问题，从而提升蓄热稳定性。

后墙表面获得的太阳辐射对后墙内部温度变化的影响深度有限，仅占墙体总厚度的1/3，而且墙体内部也存在一定厚度的具有蓄放热潜力的温度稳定区域，可通过在墙体内部增加通风空腔管道，使热空气能够循环进入墙体内部，与墙体内部进行热交换，从而提升墙体的蓄放热能力。

张勇、高文波等认为从根本上提高温室蓄热性能的途径是最大限度地蓄积白天温室内多余热能以及提高围护结构的蓄热能力，通过设计并测试了可变采光倾角日光温室温光性能，结果表明，该温室透光率可提高22.27%～41.75%，平均温度可提高2.9～4.3℃；通过在后墙内安装蓄热通风管道，以轴流风机驱动，使室内白天多余热量进入墙体蓄积，从而提升墙体蓄热量，经测试，可平均提高温度1.0～2.2℃，而且通风管道合理长度为20m。

鲍恩财从蓄热体、传热体、气流运动方式三方面分析了主动蓄热温室墙体的传热特性，结果表明采用模块化土块、透气性风道、顶进顶出方式的主动蓄热温室具有更好的蓄热性能。

王昭分析测试了青海型主动蓄热后墙日光温室的热环境性能，该温室蓄热性能较好，可提高夜间平均温度0.9～2.1℃，蓄热风机的运行依靠室外光伏太阳板提供电能。

凌浩恕利用室外太阳能集热器将室内空气加热，并通过风机将热空气导入带竖向通气管道的墙体内部，从而提升太阳能利用率以及墙体蓄热性能；墙内通风管道中气流为0.26m/s、上进下出时，墙体蓄放热效率可达98.4%。陈超优化了主动相变蓄热通风墙体的室外太阳能集热器，该双集热管多曲面槽式空气集热器较单管集热器单位面积集热量可提高16%，集热效率可提高9%。

刘盼盼、高旭廷利用太阳能集热器加热室内空气，利用风机将热空气导入墙内盘管中，并利用墙内封装的相变材料来蓄积热量。

除了将热空气强制对流循环于墙体内部进行蓄热的方式，也有自然对流循环于墙内参与墙体蓄放热的方式。

赵淑梅、任晓萌设计并测试了空气自然对流循环蓄热中空墙体的传热性能，结果表明，中空层与中空跃层两边墙体温度并非沿厚度方向持续降低，而是有升高趋势，说明较深处的墙体材料充分参与了蓄放热过程，而且墙体白天的蓄热量可提高15.1%，夜间放热量可提高14.7%，同时可使温室夜间最低气温提高2.2℃。

此外，将岩石作为墙体蓄热材料也具有较好的蓄热性能。张洁采用笼装卵石作为墙体材料，并分析了卵石墙体的传热性能，结果表明，卵石间较大的空隙增强了流体与卵石壁面的对流热交换，提高了卵石墙内部温度，提升了蓄热保温性能，气温可提高4~7℃，地温可提高3~4℃。

（二）非墙式蓄热载体蓄放热技术

非墙式蓄热载体蓄放热技术通过主动蓄热技术将热能存储于土壤中，或者是将太阳能以及室内余热蓄积后储存于位于地下的蓄热水箱中。

土壤/地式蓄热载体蓄放热：温室内土壤体积大、热容量高，能够储存更多热量，而且土壤蓄热代替墙体蓄热在理论上确定可行。较早之前，专家学者们为了降低冬季温室加温燃料的消耗以及使大棚具有在冬季生产的能力，采取了地下热交换储能增温系统，该系统通过风机驱动热空气进入埋于地下的管道中，通过对流换热将热量储存于管道周围土壤中，试验发现该系统具有良好的增温保温效果。多年来，随着日光温室蓄热技术的更新发展，地中热交换蓄热增温系统有了多种形式的应用，但应用较多的主要为以太阳能作为热量来源；以空气和水为蓄热介质；以风机、水泵以及热泵为驱动的主动蓄热增温系统。

空气–地中热交换蓄热系统，早期作为大棚的增温措施，有显著的增温效果，吴得让提出了日光温室中应用的中热交换的理论模型，通过试验验证，日光温室的中热交换蓄热系统有较好的节能效果与经济效益，一栋300m²温室一个冬季可节煤1950kg。白义奎通过对日光温室空气–地中热交换系统土壤温度场的分析，提出了东北型日光温室空气–地中热交换系统设计方法，经试验，15~35cm深地温可提高0.5~3.9℃。王昭对比分析了四种不同的中热交换管道的综合性能，结果表明，改良PVC管地中热交换系统具有较好的室温调节效果，可使13:00~14:00室温降低1.4~2.3℃，同时具有较好的蓄热性能，蓄热量可提高3~3.3倍。

利用风机使室内空气直接导入的中管道进行蓄热，面临的最主要的问题是室内空气并不一定具有富余热量，因此，土壤难以蓄积足够的热量供夜间放热。白义奎建立日光温室燃池–地中热交换系统，利用燃池无需助燃的阻燃特点，可以持续燃烧各种农业废弃物，获得稳定的热能，并将热空气通过风机传入地下进行蓄积，该系统可提高夜间平均温度4.2℃，夏季使用可平均降低气温4.9℃，费用现值较热风加热系统和热水加热系统降低27.4%~30.8%，费用年值降低55.2%~57.4%。戴巧利利用太阳能集热土壤蓄热系统为大棚增温，可提高夜间平均气温3.8℃。孙周平为彩钢板保温装配式节能日光温室配备了空气–地中热交换蓄热系统，该系统可将温室内4.5m高度处热空气通过风机导入地下0.5m深管道中，而不是采用传统的主要抽取靠近地面空气的做法，单位面积蓄热量约为221kJ/m²，系统运行消耗电能占蓄热量的9.81%，表明有较高的热交换效率。

以太阳能作为热源的蓄热技术，对日光温室温度环境的改善效果明显，但是在一些高寒地区以及出现连续寡照的不利天气条件时，集热效率下降，难以维持室内温度环境的要求。热泵是能够充分利用低品位热能转化为高品位热能的装置，可以将低温热源的热量转移至高温热源，在民用建筑供暖中得到广泛应用，而且也不断应用于温室供暖。

地源热泵应用方式通常为地下井水源地源热泵、地表水源地源热泵以及地下埋管式地源热泵三种方式，这三种方式各有优劣，适合在温室中应用的方式通常为地下井水源地源热泵、地下埋管式地源热泵，如果地源热泵长时间满负荷运行，地下水或地埋管周围土壤温度短时间内难以恢复，则会出现在冬季不断降温等不利现象，采用其他蓄热技术与热泵联合蓄热，则具有更好的加温节能效果。

第四节
日光温室环境调控及理论

一、环境调控

日光温室系统是多因素、非线性的复杂系统，该系统由外界环境因素、室内环境因子、建筑结构与设备以及室内作物共同组成。日光温室的环境受这些因素共同作用，这些因素联系密切却又相互独立，而环境调控主要目的是在时间与空间上将这些因素的不利影响控制在一定范围之内，同时又能够使这些因素在相互制约下产生对环境具有正效应的影响，从而在精确动态的管理下，为植物生产提供适宜的环境条件，实现经济效益与社会效益的共同提升。

虽然对于日光温室的环境在不同地区主要调控方式的侧重不同，但是根据日光温室周年生产的特性，日光温室的调控内容基本一致，即冬季在外界温光条件较差的情况下主要进行增光保温蓄热调控，夏季在外界温光条件充足的情况下主要进行遮光降温除湿调控。

（一）采光结构调控

日光温室的光环境的实现主要依赖于其结构对光照的亲和程度，亲和程度越高，日光温室获得的太阳辐射也就越多。因此实现结构对采光的调控主要在于两方面，其一为提高结构对太阳辐射的透过率，其二为提高结构对太阳辐射的获得量。根据光学原理，光线透过透明物体时，入射角在0°～45°时，光线反射率较小，光线透光率下降约在5%以内。因此，结构对光环境的调控，第一是确定合理的采光屋面角：通常以太阳辐射在合理采光时段内（10:00～14:00）入射角不超过45°时的屋面倾角作为合理的采光屋面角，或者是通过冬至日温室采光面截获的太阳辐射与春分日地平面截获的太阳辐射相同时确定结构的合理采光屋面角。第二是确定温室的朝向：温室的朝向是光环境调控的重要内容之一，对温室进光量影响很大。适宜的温室朝向因地区不同而位置不同。通常来说，偏东会提前获得太阳辐射，而且偏东或偏西相同的角度温室太阳辐射获得量基本一致，但是高纬度地区往往由于气温偏低常选择偏西方位，以不超过10°为宜。第三是确定合理的骨架曲线：适宜结构的骨架曲线有利于光环境的改善。通常对于固定骨架结构而言，弧形曲面的骨架温室内部光效应要好于一坡一立采光面，而弧形骨架的具体曲线则是复合曲线优于单一曲线，近年来常见的复合曲线平均透光率的差距已经很小，采用倾角可变的屋面结构反而更利于调控光环境。

（二）保温蓄热结构调控

日光温室温度环境的调控一方面通过利用太阳辐射获得热量以维持温度环境，另一方面通过降低温室的热量损失维持温度环境。日光温室热量损失的途径包括围护结构热量损失、通风与冷风渗透热量损失以及地中土壤横向传热损失，前二者是温室热量损失的主要部分，可达90%以上，地中土壤横向传热损失可占土壤总传热量的80%～90%，降低土壤的横向传热损失通常是采用防寒沟，或者是地面下沉。

日光温室的围护结构包括屋面与墙体。通常来说，屋面既是采光的主体，又是热量散失的主要部分之一。进行屋面覆盖是降低屋面传热的主要方法，前屋面覆盖通常采用软质材料，如草帘、保温被、保温幕、塑料膜等，后屋面覆盖通常以保温材料、防水材料等复合而成。前屋面覆盖材料的覆盖形式包括多层覆盖、内外保温覆盖以及播后覆盖，通过进行覆盖得以使温室温度环境提升。降低墙体传热的方式主要是通过厚度、材料以及结构的优化改善墙体的热工性能。厚度的增加可以降低墙体的传热量，但是增至一定厚度时，性能提升程度不会增加，反而造成资源浪费；合理的结构与性能优良的材料可以提升墙体的散热性能，内层以蓄热为主、外层以保温为主的复合结构以及内侧为蓄热能力较强的材料、外侧以保温能力较强的材料构成的墙体具有明显的保温蓄热性能。

日光温室的墙体与地面既能够获得更多的太阳辐射量分布，自身又是有较强蓄热能力的蓄热体，因此利用主动蓄热的技术手段将墙体与土壤的蓄放热能力激发出来，来提升温室的性能。通过风机将热空气（室内富余热量的载体或者是利用太阳能集热器进行加热）导入墙体内部或土壤内部的管道中，使周围材料进行蓄热，或者是利用挂靠于后墙壁面的水体循环蓄热装置来蓄积热量，从而提高蓄放热效率。

（三）降温除湿结构调控

日光温室的环境中，高温高湿是最不利于植物生长发育的一种情况，植物病害的发生也通常产生于这种环境中。夏季温室生产时，降温是环境调控的主要内容，通风、遮阳、蒸发、热泵、水循环等都是可以降低温室温度的措施，其中自然通风是最节能的一种措施。而在冬季，温室环境调控的重心之一就是除湿，通常通过调控日光温室的通风口的开闭及持续时间使温室在自然通风状态下降低湿度，以达到对植物生长发育适宜的湿度环境。

二、管理调控

日光温室的管理不仅要进行环境的管理，还要进行作物的管理。

冬季日光温室最主要的管理则是日常卷放保温覆盖材料的时间以及保温覆盖材料的卷放开度，卷放保温覆盖材料的时间管理主要的目的是能够尽可能多地获得太阳辐射的同时，保证温室热环境稳定。由于卷放保温覆盖材料的行为及结果涉及诸多因素，如所在地气候状况、室内外温度等因素，其时间管理很难达到精确量化控制的程度，通常是在定性描述的基础上，再进行一定程度的定量分析，从而达到相对精确的卷放控制。卷放时间的主要影响因素是温室内获得的辐射能以及温室内外的温差，目前经验性的卷放时间也多以此为参考来进行控制，通常来说，保温覆盖材料的卷放时间基本上以日出后1～2h为卷帘时间，以日落前1～2h为放帘时间，并在不影响热环境的前提下，进行提前卷帘或延迟放帘的操作。此外保温覆盖材料卷放的开度对温光环境也有明显的影响，尤其是在不同天气状况下，通常认为外界光照条件较好时，可保证较大开度来多获得太阳辐射，外界光照状况较差、温度较低时，可减少开度确保较好的温度环境，而且温室室内温度的变化与开度也存在一定的线性关系。

通风管理主要是确定室内温湿度环境达到预期目标时对通风口的开闭、通风持续的时间等内容进行的操作，通常在夏季时，自然通风是最常用的环境调控措施，但仅采用自然通风仍会使室内气温高于室外，所以夏季通风管理常与遮阳、喷雾等措施配合进行降温调控；在冬季由于天气寒冷，通常不设置或不会开启后墙通风口，仅在高温高湿状况下开启屋面前脚和屋脊的通风口，为防止冷空气直接接触室内植物，一般会在风口处加设一道防风膜。各地生产实践中通常会根据自身状况来决定通风的控制，如通风持续时间、通风口开启的位置、通风口开启的大小等。

日光温室中的作物管理除了水肥管理外，种植管理、植株管理以及作物的抗逆管理也是重要的调控内容，合理的种植密度、种植结构以及对植株的整理都能够增强作物与环境之间的有利互动，此外在高温高湿强光密闭的环境下，通过增施高浓度的CO_2也能够提高作物对环境的适应力。

　　日光温室环境的调控基本以两种方式实现，其一为人为经验性的调控，其二为数字自动化的调控。人为经验性的调控是一种被动式的环境调控，完全是根据环境的变化而被动做出的反应，尤其是对温室群的卷放帘调控，较为低效。数字自动化的调控是通过对环境因素的监测、分析、控制、预测、反馈的方式提供主动环境调控的管理策略，动态地应对不利的环境条件。我国设施园艺环境控制的技术水平不断提高，目前已有一系列设施园艺环境控制系统，但是由于日光温室各环境因素耦合后的复杂化，精确环境控制技术仍旧很难在成本控制及适应能力方面匹配日光温室的环境要求。

第三章

非耕地日光温室建造及配套设施

第一节
日光温室结构及建造材料

一、日光温室的结构参数

日光温室为单跨结构，由后墙、山墙、后屋面和前屋面组成。前屋面形状一般为拱圆形，有利于排水和绷紧压膜线，但也有一些温室是由2个或2个以上平面组成的多折式屋面。一些温室还有支撑前屋面或后屋面的室内柱，根据结构的材料不同，室内有一排柱和多排柱之分。跨度、高度（脊高）、后墙高度、后屋面投影宽度和后屋面角度是形成日光温室建筑几何体的五个重要参数，统称为"五度"，事实上，前屋面的角度也是影响温室采光和承力的重要因素，但由于一般前屋面为拱圆形结构，难以用一个参数来表述，所以没有将其纳入上述"五度"中，但绝不能因此而忽视了对前屋面角度的重视。有人将前屋面分成三部分，即前部、中部（腰部）和后部，通过分别控制这三个部分的角度实现对整个温室前屋面弧形的约束。

"五度"主要决定温室的采光量大小，其取值受日光温室建设地区地理纬度、冬季大气透明度和温度的影响，纬度越高，温室的跨度越小，合理设计"五度"，对保证日光温室的光照和室内温度具有重要的意义。一般日光温室的跨度在6~10m，高度在3~4m，后墙高在2~3m，后坡投影宽度在0.8~1.6m，后屋面角度在30°~50°，具体建设中应参考当地成功的温室结构确定。

二、日光温室建造材料

（一）墙体材料

日光温室的山墙和后墙做法基本相同，一般为自承重保温墙体，既有承重的功能，更有保温的功能，而且墙体的蓄热和放热功能被认为是日光温室核心，白天吸收室内热量，降低室内温度，夜间通过降低自身温度，释放储存的热量，用以补充内容热量的丧失，保证室内作物的正常生长温度。最廉价的日光温室墙体是土墙，有干打垒土墙、草泥土墙等。这种材料的墙体结构具有一定的自承重能力，在一定厚度条件下，具有较好的蓄热和保温能力，因此在广大农村得到大量应用，一般墙体厚度为当地冻土层深度，或在冻土层深度的基础上增加50cm。近年来推行的一种土墙是直接用铲土机将室内地面的土铲起，堆成后墙和山墙，形成半地下式日光温室，使温室的保温性能得到进一步加强。

除土墙外，采用以砖墙为主的复合墙体是日光温室的主流，常见的做法是在两堵240mm厚的砖墙之间夹保温层，常见的保温层材料有硬质聚苯板、松散珍珠岩等，按照蓄热原理的要求，位于室内一侧的墙体应尽量厚，并具有较强的储热能力，而位于室外侧的墙体应具有较高的隔热性能。按照这一原理，上述砖墙中间夹保温层的做法显然不太合理，因为中间的保温层没有蓄热作用。合理的做法应该是室内370mm厚砖墙，外贴保温隔热层，或用蓄热性能更好的石墙代替砖墙，其热工性能将更好。为了避免外贴保温层受外界的碰撞和雨淋，可以在保温层的外侧做一层保护层，可以是水泥抹面，也可以是一层砖护墙。

由于在制作黏土砖的过程中要消耗大量的能源，并破坏耕地，所以，中华人民共和国住房和城乡建设部于2000年提出禁止在城市建设中使用黏土砖材料，并逐渐关闭黏土砖生产厂，使黏土砖的供应量越来越少，价格越来越高，因此，寻找替代黏土砖的材料越来越紧迫。用粉煤灰烧制的机砖和一些空心砖在城市建筑中已大量应用，在农村建设的日光温室中也开始应用。

为了解决新型墙体材料储热性能差的问题，有人研究一种相变材料，即在温度升高到一定程度后材料从固态变为液态，在这个变化过程中材料吸收热量；而当室内温度下降到一定程度后，材料发生逆向变化，即从液态变为固态，在这个变化过程中放出热量。利用材料的这一特性，使其白天温室中温度升高后从固态变化为液态，吸收温室的热量，降低温室温度；而到了夜间，当室内温度降低时，再从液态变为固态，放出热量，补充温室的散热，保持温室稳定的室温。

（二）后屋面材料

日光温室的后屋面既具有像墙体储热放热的功能，还要求具有防水和提供安装、启闭塑料薄膜、卷放草苫等操作场所的功能，一般由多层材料组成。室内侧材料一般为储热材料、中间层为隔热材料、最外层为防水材料。支撑后屋面材料的构件一般有瓦楞板、圆木、钢筋混凝土梁等。对后屋面的支撑可以是采用独立柱与后墙一起承担，也可以是直接将前屋面骨架延长到后墙支撑，后者取消了室内立柱，更有利于增大种植和操作空间，提高机械化作业水平。

后屋面隔热材料要求质轻、保温，应有一定的承载能力。这样一方面能减轻温室后屋面的质量，另一方面在安装塑料薄膜以及卷放草苫等日常操作中不致被踩坏。聚苯板、加气混凝土等是较好的后屋面隔热材料，农村建设日光温室也经常使用麦草、秫秸等有机物做隔热材料，能够就地取材，价格低廉，但这些材料的使用寿命较短，尤其是渗入水分后容易腐烂，需要经常性更换。一种由磷镁材料制成的板材具有较好的隔热性能，也有一定的承载能力，用作日光温室的后屋面材料可将承力和保温合二为一，在一些现代化的日光温室中有大量应用。

后屋面的防水层对保证隔热层的性能具有重要的作用，如果防水层破损，外界雨水将直接渗入隔热层，破坏隔热层的隔热和保温性能。常见的防水层有防水砂浆、油毡等，农村也有直接用草泥或塑料薄膜做防水层的，用胶泥夯实也是一种理想的防水做法，只是其工作量较大。

（三）前屋面骨架材料

保证温室不倒塌并维持合理的变形条件是屋面骨架的重要作用。日光温室前屋面骨架是形成温室前屋面形状并支撑塑料薄膜的构件，除承受前屋面外界荷载（风荷载、雪荷载、保温被荷载等）外，有时还承受室内作物吊挂的荷载，对于无立柱日光温室，前屋面骨架与后屋面骨架连为一体，还直接承受来自后屋面的各项荷载。

竹木结构日光温室的骨架材料一般为竹片或毛竹，室内用圆木或钢筋混凝土柱支撑，骨架间距一般在1m之内，有一种悬索结构的日光温室，俗称"琴弦式"结构，是用钢丝为承重骨架，温室屋面的竹片或毛竹主要是用于支撑和固定塑料薄膜，没有承载的功能。

为了增强温室的耐久性和承载能力，有的温室采用钢木结构，即在两榀钢骨架之间安装3~4道竹片或毛竹，并通过室内立柱共同承担温室的屋面荷载。这种结构造价较低，但使用寿命不长。

用钢筋混凝土构件做骨架的温室称为钢筋混凝土结构日光温室。其承力结构为工厂预制的钢筋混凝土梁。这种结构防腐性能优良，造价适中，但骨架截面大，遮光阴影面积多，由于构件细长，在运输和安装过程中容易开裂、破损。

用钢筋或钢筋与钢管焊接而成的桁架结构骨架在日光温室中应用越来越广泛。这种形式的温室称为钢结构日光温室。其骨架截面小，承载能力强，材料来源广、制作方便、运输安全，具有较好的应用前景，但价格较高，骨架的防腐性能不好，需要经常性地进行防腐处理。采用镀锌钢管或对焊接后的骨架进行整体热浸镀锌，骨架的使用寿命可达20年以上。

第二节
日光温室建造方法

一、单质材料墙体日光温室建造方法

学界对于日光温室的贡献主要表现在方法创新和理论提升上，其中墙体

的被动储放热和主动储放热理论是日光温室结构创新过程中两项重要的基础理论，在不同理论的指导下建设的温室从结构、建材以及建造方法和造价上都有显著差别，当然温室的性能也有差异。"被动式储放热"是指不论是白天墙体吸收和储存多少热量，还是夜间释放多少热量，均是一种无法人为控制的热物理过程。在这种理论指导下建设的日光温室要求墙体材料热惰性大，白天能吸收和储存更多的热量，同时夜间也就能释放出更多的热量。热惰性大、价格低廉且能承重而适合作为日光温室墙体的材料主要包括土壤、石块和实心砖。

1. 干打垒墙体

土墙在西北地区最早多采用干打垒的方法建造。干打垒墙体强度高、耐久性好，而且墙体厚度薄（多控制在50~100cm）、占地面积小，建造墙体用土量少，对土壤的破坏影响小，尤其适合黏度适中的黄土和轻质黏土。但干打垒墙体建造时间长，劳动强度大，不论是人力夯杵打墙，还是用蛙夯机筑墙，其建造速度都远跟不上日光温室发展的要求。

2. 机打土墙

为了进一步提高温室墙体的建设速度，也为了使更多类型的土质能够用于日光温室墙体的建设，山东寿光的农民发明了机打土墙日光温室，即用挖掘机挖取地面土壤到墙体，用链轮拖拉机或压路机分层压实，再用挖掘机修理温室内墙面，可快速建造日光温室墙体，且建造成本低，彻底摆脱了干打垒墙体用人力夯实墙体的局面，提高了墙体建造的机械化水平。由于墙体厚（300~700cm），温室的保温性能好，墙体储放热能力强，这种墙体很快在我国北方地区得到了大面积推广应用，成为当前我国日光温室墙体的主要形式。但这种墙体建造用土量大，占地面积大，土地利用率低，对土壤破坏严重，而且由于链轮拖拉机的自身质量所限，压制墙体的密实度不够，墙体使用寿命短。虽然这种结构的温室因其造价低廉、保温性能好而在生产中得到大量推广应用，但由于其对土壤破坏严重，在学界一直存在很大争议。随着近年来新技术的不断发展，要求改造和停止这种类型温室建设的呼声越来越高。

3. 挤压大体积土坯墙

为了减少土墙建设的用土量，同时增强土墙结构强度，近年来出现了一种挤压大体积土坯的土墙日光温室结构。这种墙体采用压铸的方法将松散的土体挤压成体积为1.2m×1.2m×1.2m的立方体土坯，砌筑时不需要任何胶黏剂，通过错缝垒筑即成为承重和保温墙体，而且因为是压制成形，所以在土坯内部可以压铸出切口和通风通道，便于紧密砌筑和墙体内部储热。由于自身强度高，墙体不但可以自承重，而且如同干打垒墙体或砖石墙体一样具有承载温室骨架荷载的能力，同时温室的使用寿命也大大延长。此外，由于墙体厚度只有机打土墙的（1/5）~（1/3），与干打垒墙体厚度接近，所以大大减少了墙体的占地面积，用土量也相应减少，对土壤的破坏影响也有所减少。相比干打垒土墙，其建造的机械化水平更高，土坯自身的强度也更强，且可以人为控制土坯的体积和土坯的密实度，还可以在土体中添加草秸等骨料和胶黏剂，进一步提高土坯的强度。

4. 石墙

石墙是一种比土墙热惰性更大的温室墙体，最早采用的是砌筑的方法。由于砌筑石墙不能太薄，最小厚度为500mm，所以砌筑石墙的厚度大多在1000mm左右。用石块砌筑的温室墙体承载能力强、储放热性能好、墙体使用寿命长，但这种方法要求石块体积大，而且砌筑时间长、劳动强度大。为了解决这一问题，采用了钢筋笼装石料筑墙的方法，包括先整体搭建墙体钢筋笼后填装石料一次成形筑墙法和先用小钢筋笼装石料后码垛砌筑墙体两种方法，不但提高了建设速度，而且对石块大小没有严格要求，极大地丰富了建材原料的来源，还省去了水泥、砂浆等防黏剂。此外，由于石块之间的缝隙还可以将热量传递到墙体的更深位置，更有利于提高墙体储放热量的性能。但由于建造日光温室需要消耗大量的石料，而石料不像土壤那样来源丰富、造价低廉，所以在一定程度上限制了这种日光温室形式的发展。

二、复合墙体日光温室建造方法

（一）三层结构复合墙体

由于材质不同，三层结构复合墙体的做法也各异，大体可分为三类："砖墙+空心+砖墙""砖墙+松散保温材料+砖墙""砖墙+保温板+砖墙"。其中，砖墙既是温室的承重结构，又是中间保温层的围护结构，内墙是温室被动储放热的墙体，外墙是温室隔热和围护的墙体。不论是内墙还是外墙，其厚度要求遵从砖墙的建筑模数，多为240mm或360mm，高寒地区的外墙厚度有的为500mm。

1. 空心复合墙体

空心复合墙体是利用干燥、静止空气的绝热性能来隔断室内热量向室外传递，从而起到保温隔热的效果。其中，空心的厚度基本控制在300mm以内，多为240mm（与砖墙的建筑模数相一致）。这种结构用材省、建造速度快。但在实际生产中发现，由于温室砖墙建造的密封性差（有的是由于砂浆强度不够风化后造成，有的则是砌筑时砂浆不饱满造成，很多温室甚至不做勾缝处理），室外冷风可直接渗透到温室中。此外，由于空气间层的空间较大，事实上在两层砖墙之间根本不可能形成静止空气层，砖墙内部的空气对流也大大削弱了墙体的保温性能。因此，这种墙体结构的日光温室在实际应用中保温性能并不理想，现在应用的越来越少。

2. 保温材料填充墙

保温材料填充墙用松散材料填充两层砖墙的夹层，墙体厚度因材料的保温性能不同而有差异。常用的松散的保温材料有陶粒、珍珠岩、蛭石、土等无机建筑材料，也有用稻壳、秸秆等有机材料的。松散材料的热导率越小，墙体厚度也越薄，除了填充土层的厚度为500～1000mm外，其他松散材料的厚度多为200～300mm。用松散材料填充两层墙体之间的夹层，解决了墙体夹层内的空气对流，而且由于保温层的热阻较大，温室墙体的保温性能得到大大提升。但由于松散材料容易吸潮，吸潮后保温性能显著下降，而且随着温室使用年限的增加，松散材料在墙体内不断下沉，使墙体内下部松散材料密度增大，上部出现空气间层，总体上温室墙体的保温性能在不断降低。为此，改进的复合墙体用保温板（主要是聚苯板）代替了松散材料，一方面可以解决松散材料吸潮或下沉造成保温性能下降的问题，另一方而还可以进一步减小墙体的厚度（因为聚苯板的热导率更小，保温板厚度多在100mm左右），节约土地面积。但由于在施工中往往是先施工两侧墙体，再将保温板填塞进夹层中，难以将聚苯板与两侧墙体紧密贴合，而且保温板相互之间的对接和密封也不严密，实际运行中温室墙体的保温性能并没有达到理想的状态。

3. 双层结构复合墙体

从理论上分析，三层结构复合墙体的内层砖墙是被动式储放热层，中间空心层或保温层是隔热层，而外层砖墙实际上就是中间保温层的保护层，自身的保温性能在整个温室墙体中的贡献很小。为此，近年来新的复合墙体改进方法是将三层复合结构改变为双层结构，即取消外层砖墙，将中间保温板直接外贴在内墙上。这种做法不仅使墙体各层功能明确，还可减少墙体占地面积、降低温室造价、加快温室建设速度，成为目前复合墙体结构的主流模式。其中，内层砖墙承担储放热和结构承重的功能，厚度多为240mm或360mm，外层保温层承载隔热功能，厚度多为100～150mm，可以用聚苯板外挂水泥砂浆，也可以直接用彩钢板，将隔热、防水和美观集于一体。温室墙体总厚度基本控制在500mm以内，大大节约了墙体占地面积。

4. 相变材料墙体

相变材料是日光温室复合墙体的研究热点。无论是三层结构复合墙体还是双层结构复合墙体，将相变材料置于温室内墙，利用材料相变储放热的功能可以大幅度提高温室内墙储放热量的性能。针对日光温室内种植作物的要求和墙体的储放热特点，对墙体相变材料要求白天室内温度超过25℃后开始吸收温室内热量，材料从固态相变为液态储存热量；而当温室内温度下降到16～18℃时，材料开始从液态相变为固态向温室内释放热量。由于日光温室对相变材料的这种特殊要求，单一材质的相变材料难以满足，所以在科研中大都采用复合材料通过配比来实现这一目标。由于相变材料每天从固态变为液态，又从液态变为固态，这种频繁的固、液态变化要求材料不能从墙体中渗漏，也不能对墙体的强度造成影响，所以盛装和密封相变材料成为工程中的一大难题。此外，在对相变材料的配方研究中一直也没有找到一种既能满足温室对相变温度的要求，又价廉物美的材料，所以相变材料墙体一直还处于试验研究阶段，大面积地推广应用尚待时日。

（二）后屋面建造

日光温室后屋面的特征参数主要包括后屋面长度（或者用后屋面的水平投影宽度表示）、后屋面仰角和后屋面热阻。学界对日光温室后屋面的功能一直没有定论，所以实践中对后屋面的造法也多种多样。总结温室后屋面的功能，在结构几何特征方面后屋面可降低温室后墙高度；在温室保温性能方面后屋面可提高温室的保温比（温室透光面积与不透光面，包括地面、保温墙面和后屋面面积之比）。在早期的日光温室建设中由于更强调温室上述的两项功能，日光温室大都采用长后屋面结构（后屋面的长短指温室剖面上后屋面长度），一般后屋面长度在1.5m以上，寒冷地区甚至在2.5m以上。

长后屋面温室虽然对温室的保温具有非常积极的作用，但由于后屋面加长后温室在春秋季节乃至夏季运行时，由于太阳高度角升高，温室靠近后墙部位的阴影将增大，从而影响温室种植作物的采光，此外，由于后屋面是保温屋面，结构自身负荷大，支撑屋面结构的荷载也相应大。为此，温室骨架的截面面积就需要增大或者必须在温室内设立柱支撑后屋面，这将增加温室的建设投资。目前日光温室后屋面的长度有向短后屋面方向发展的趋势，典型的代表是山东寿光五代机打土墙日光温室，后屋面的长度大都控制在0.5~0.8m，其他的温室后屋面长度也都控制在1.2~1.5m，极端的做法是完全取消温室后屋面，形成无后屋面日光温室。

对日光温室后屋面仰角的研究主要集中在后屋面冬季不在温室后墙形成阴影以及夏季运行不影响室内种植作物采光两个方面。根据温室建设地区的地理纬度可以准确地用数学的方法计算出来，但在生产实践中温室后屋面仰角大多控制在40°~45°。

日光温室后屋面的保温设计目前还没有精确的理论计算方法，生产中大都采用轻质保温材料（包括松散材料、保温板材等），一般后屋面的保温热阻应接近或高于温室后墙的保温热阻，但也有温室采用完全不保温的温室后屋面，通过温室内二道保温幕来保证夜间的室内温度。冬季夜间也可以用保温被覆盖后屋面，降低温室夜间屋面的散热。

目前，日光温室的后屋面已不再是永久固定的厚重保温屋面，而是采用与前屋面相同的保温被材料覆盖，并将日光温室的后屋面覆盖塑料薄膜后形成可透光、可通风、可保温的多功能屋面，与前屋面一样，后屋面也用透光塑料薄膜覆盖，并在塑料薄膜上安装手动或电动卷膜器，需要通风时将塑料薄膜卷起，与前屋面的通风口形成"穿堂风"的对流通风窗，较屋脊通风窗通风效率更高，不需要通风时，白天当室外温度适宜时可卷起保温被，后屋面采光可补充室内作物的光照，使温室内光照更均匀，尤其可提高传统日光温室靠近后墙部位区域的光照强度，夜间需要保温时，用保温被覆盖后屋面，与传统的日光温室后屋面一样，完成后屋面的保温功能。为进一步增强后屋面保温，也可用双层保温被保温。

这种建造方式拓展了传统日光温室后屋面的功能，而且从结构设计上大大减轻了温室后屋面的荷载，可以促进日光温室结构朝着轻盈化、组装式方向发展，更符合现代温室的发展方向和潮流。这种创新尤其可增加温室内的光照强度和光照均匀性，增强温室的通风能力，使温室内的温光环境得到大大改善，温室的运行管理更灵活，也更有针对性。实践证明，这种温室配套室内二道保温幕，在冬季的保温效果甚至超过传统后屋面日光温室，在未来的日光温室发展中将具有非常广阔的推广前景。

（三）前屋面建造

为了保持温室前屋面基部一定的操作高度（最早的要求是距离前屋面底脚

0.5m位置处温室的屋面高度不应小于1.0m），必然造成温室屋脊位置处屋面的坡度不够，一方面，使保温被卷放无法实现自由下落，展开保温被必须带动力运行，给卷帘机提出了更多的附加要求；另一方面，也造成了温室屋面排水困难，经常出现屋脊部位兜水的现象。水兜不仅加大了温室结构的承重荷载，严重的可能会造成温室倒塌，还容易形成塑料薄膜损伤、老化和撕裂。为了解决这一问题，生产中常在屋脊部位通风口处铺设一层塑料网或钢丝网，用以支撑塑料薄膜，并导流屋面积水，可有效避免水兜的形成；有人在屋脊通风口部位采用加密纵向"琴弦"钢丝和横向竹竿的方法，也能取得相同的效果。另外，在屋面结构设计中，在屋脊部位屋面的坡度不应小于10°，可有效避免屋面积水和兜水。

温室建筑结构设计荷载应参照 GB/T 51424—2022《农业温室结构设计标准》和GB 50009—2012《建筑结构荷载规范》进行计算、校核。荷载选择按20年一遇的雪载系数，温室设计寿命宜为15年，骨架设计应满足标准风压、基本雪载系数、永久荷载及偶然荷载的综合受力要求，具体如表3-1所示。

表3-1　温室建筑结构设计载荷

永久荷载	可变荷载	偶然荷载	活动、临时荷载
由整体结构自身决定	标准风压：0.40kN/m²	地震烈度为6级	在每16m²内不多于两点，两点距离≥2m
吊挂荷载0.15kN/m²	基本雪载：0.20kN/m²		每点动荷载不大于90kg

骨架形状兼顾最大采光率和载荷应力原则，保证前屋面角度、后屋面角度符合设计要求，使温室内南侧靠近拱脚处一定宽度以内具有必要的栽培与操作空间（距拱脚1m处），在此高度范围内，桁架的轴线形状为圆弧面；大于此高度时，桁架前坡面轴线形状为二次抛物线，桁架后坡为直线。项目温室骨架采用新型方管骨架。

骨架制作要求：日光温室骨架采用新型方管骨架，方管杆件应一次成形无磕碰变形，外表面上个别的碰伤凹痕其深度应小于 0.5mm，距离端部150mm 长度内管材的规格尺寸必须保证。杆件类零件的直线度应符合表3-2规定。

表3-2 杆件的直线度表

尺寸/mm	0~1000	1000~2000	2000~4000	4000~6000	6000~8000	8000~10000
偏差/mm	2	3	5	8	10	12

钢管类零件的锯口须在镀锌前去除毛刺、倒角，且锯口平面与母线垂直不允许有"马蹄"形锯口出现，不垂直度应小于2mm。

另外温室骨架所用的热镀锌材料表面要求光亮、不允许破坏镀层。镀层厚度应达到0.045~0.060mm，且表面应钝化处理。对表面已有完好镀锌防腐层的原材料、零部件进行再切削、再焊合加工时，应尽量避免对材料防腐镀层的破坏，对镀锌原材料或零部件的新切削面或焊缝应进行表面除锈、除油处理，并涂两遍环氧底漆，两遍面漆，面漆的颜色应与镀锌层相近。不允许把面漆直接喷涂在刚刚除油、除锈后的局部切面或焊缝作为防腐层。

（四）日光温室操作间

温室除了墙体、前后屋面散热外，其出入口门窗缝隙的冷风渗透和土壤横向传热也是热量散失的途径，占到整个散热量的5%~6%。为了防止冷风通过入口处直接贯入室内，在入口处设有缓冲间，该房间还可放置小型农机具、农药，也称操作间，可根据用途设置缓冲间大小，一般设计操作间的使用面积为12m^2（3m×4m），符合建设质量标准。

第四章

非耕地日光温室果蔬品种筛选

实施优新蔬菜品种引种、筛选和示范推广，结合新疆生态特点有针对性地从国内外引进筛选高产、优质、抗病性强、耐热、耐寒的新品种进行试种、推广，大幅提高优新良种使用率，符合当前新疆果蔬生产和市场需求，对改造和提升设施产业作用重大，对促进农业产业结构调整，增强新疆农产品在国内外市场上的竞争力具有重要的现实意义，对推动新疆农业结构优化升级和有效促进农业增效、农民增收和农业生产可持续发展具有深远的意义。

第一节
非耕地日光温室番茄品种筛选

设施种植蔬菜可达早熟、高产、优质、高效的目的。番茄是新疆地区早春及夏秋设施种植的主要蔬菜品种之一，因其营养丰富，食疗价值高，用途广泛，市场需求量大，价格相对稳定，产量效益好，深受广大消费者的喜爱和菜农的青睐。近年来，随着新疆设施蔬菜种植面积的增大，番茄种植面积也逐年提高，但由于多数农民盲目引种，番茄种植品种繁多，良莠不齐，产量效益不佳的现象频频发生，特别是夏秋番茄，病毒病、花生卷叶病等病害极大影响产量，甚至导致绝产绝收。

一、日光温室番茄品种筛选

选择来自国内外的番茄品种11个，果色均为红果型，除红宝石是有限生长型之外，其他10个品种均为无限生长型，品种名称及其来源见表4-1。试验温室为新型节能型日光温室，温室内径宽8m，东西长80m，脊高3.8m，后墙为泥土堆积碾压墙，墙底宽4.0m，上宽1.5m，高2.0m，全钢架无立柱骨架结构，钢架间隔1.0m，无滴膜覆盖，棉被子做保温。

表4-1　供试番茄品种及来源

品种名称	果色	生长类型	来源
红宝石2号	红果	无限生长	中国陕西西安
红柿王	红果	无限生长	中国内蒙古赤峰
TOP1056	红果	无限生长	以色列
TOP1131	红果	无限生长	以色列
特硬红果	红果	无限生长	中国陕西西安
强力红	红果	无限生长	中国辽宁大连
红宝石	红果	有限生长	中国广东广州
TOP1107	红果	无限生长	以色列
中杂102	红果	无限生长	中国北京
红冠2号	红果	无限生长	中国陕西西安
印第安	红果	无限生长	西班牙

（一）物候期

对11个番茄品种的物候期进行记载，如表4-2所示，红宝石和红宝石2号开花最早，但其始收期并非最早，TOP1107和红冠2号开花较晚，但其始收期也并非最晚，相反TOP1107的始收期却是最早的，比最晚始收的特硬红果早了20d。分析表明，播种至开花天数86～94d，开花至始收天数相差较大，最长119d，最短94d，相差25d之多，采收天数在48～68d，长短相差20d，结果表明，温室越冬茬栽培番茄全生育期长达253d，开花自始收94～119d，而采收期只有48～68d，说明越冬栽培番茄由于结果期处于冬季，受温、光等自然条件的制约，果实膨大慢、成熟晚但相对集中，各品种间物候期相差较大，特别是开花自始收的时间差异较大。

（二）植株性状

在始收期（1月30日）分别对11个品种的植株性状进行了调查，由表4-3可知，参试的11个品种只有红宝石为有限生长型，其他均为无限生长型，几个调查性状中株高的品种间差异较大，有限生长的红宝石最矮103cm，无限生长型品种中最矮的红冠2号株高138cm，而最高的特硬红果达到185cm，茎粗、叶片数和果穗数差别不大，分别在1.30cm、23片和5穗左右，生长势表现为红宝石相对弱，印第安、TOP1056、TOP1131、特硬红果4个品种长势强，其他品种长势中等。

表4-2　供试番茄生长发育期

品种	播种期（月-日）	定植期（月-日）	开花期（月-日）	播种至开花/d	坐果期（月-日）	始收期（月-日）	开花自始收/d	末收期（月-日）	采收天数/d	全生育期/d
红宝石2号	7-19	9-3	10-12	86	11-3	1-31	111	3-28	57	253
红柿王	7-19	9-3	10-16	90	11-3	1-26	105	3-28	62	253
TOP1056	7-19	9-3	10-17	91	11-7	2-7	116	3-28	50	253
TOP1131	7-19	9-3	10-13	87	11-2	2-8	118	3-28	49	253
特硬红果	7-19	9-3	10-13	87	11-5	2-9	119	3-28	48	253
强力红	7-19	9-3	10-18	92	11-3	1-29	103	3-28	59	253
红宝石	7-19	9-3	10-12	86	11-5	2-1	112	3-28	55	253
TOP1107	7-19	9-3	10-18	92	11-9	1-20	94	3-28	68	253
中杂102	7-19	9-3	10-16	90	11-2	1-31	107	3-28	57	253
红冠2号	7-19	9-3	10-20	94	11-9	1-29	101	3-28	59	253
印第安	7-19	9-3	10-16	90	11-5	1-31	110	3-28	57	253

表4-3　供试番茄生长性状和果实特征比较

品种	株高/cm	茎粗/cm	叶片数/片	果穗数/穗	生长势	果形	果肉色	硬度	棱有无	果型大小
红宝石2号	153	1.38	23.1	5.0	中等	圆形	粉红	软	无	大
红柿王	158	1.32	22.0	4.9	中等	圆形	粉红	软	有	小

续表

品种	株高/ cm	茎粗/ cm	叶片数/ 片	果穗数/ 穗	生长势	果形	果肉色	硬度	棱有无	果型 大小
TOP1056	169	1.41	23.2	5.0	强	圆形	粉红	硬	无	大
TOP1131	165	1.65	18.3	5.0	强	圆形	粉红	硬	无	小
特硬红果	185	1.31	24.2	5.0	强	圆形	粉红	硬	无	小
强力红	141	1.39	22.6	5.0	中等	扁圆形	粉红	软	无	大
红宝石	103	1.31	23.1	4.1	弱	圆形	粉红	硬	无	小
TOP1107	164	1.29	23.6	5.1	中等	圆形	粉红	硬	无	小
中杂102	165	1.33	24.0	5.0	中等	圆形	粉红	硬	无	小
红冠2号	138	1.25	20.1	5.0	中等	扁圆形	粉红	软	无	大
印第安	173	1.36	23.1	5.2	强	圆形	粉红	硬	无	小

（三）果实性状

参试的11个品种果皮色均为大红色，果肉均为粉红色，强力红和红冠2号为扁圆果形，其他均为圆形果，硬质品种7个，软质品种4个，大果型品种4个，平均单果质量都在180g以上，小果型品种7个，平均单果质量在116～164g。分析表明，硬果品种除TOP1056外均为小果型，软果品种除红柿王为小果型，其他均为大果型，两个扁圆形品种均为软质大果。

（四）产量构成与单产

如表4-4所示，单株果数只有强力红、红冠2号和红宝石2号较少，分别为12.2个、12.6个和14.1个，中杂102最多为28.2个，其他品种都在20～24个，单果质量<150g的有4种，强力红最大为261g，其他都在150g～200g，单产水平最高的为TOP1056达到11522.1kg/亩，较对照品种印第安高1015.6kg/亩，红宝石2号最低，只有7955.2kg/亩，较对照品种低2551.3kg/亩。结果表明，产量排在前6位的分别为TOP1056、TOP1131、印第安、TOP1107、中杂102、特硬红果，

单产都在10000kg/亩以上。

表4-4　供试番茄产量及其构成分析

品种	单株果数/个	单果质量/g	单株产量/kg	单产*/（kg/亩）	增产率/%	位次
红宝石2号	14.1	182	2.57	7955.2	−24.28	11
红柿王	21.7	138	2.99	9283.3	−11.64	9
TOP1056	20.2	184	3.72	11522.1	9.67	1
TOP1131	22.3	156	3.48	10784.3	2.64	2
特硬红果	21.2	154	3.26	10120.8	−3.67	6
强力红	12.2	261	3.18	9871.1	−6.05	7
红宝石	23.4	129	3.02	9357.7	−10.93	8
TOP1107	20.5	164	3.36	10422.2	−0.80	4
中杂102	28.2	116	3.27	10140.72	−3.48	5
红冠2号	12.6	217	2.73	8476.02	−19.33	10
印第安	22.9	148	3.39	10506.5	—	3

注：*1亩≈666.67平方米。

（五）结论

结果表明，温室越冬茬栽培番茄生育期较长，特别是开花自始收由于冬季环境制约时间长达94～119d，而收获期相对集中，品种间物候期差异较大，红宝石为有限生长型，其他均为无限生长型，其中印帝安、TOP1056、TOP1131、特硬红果4个品种生长势强，其他品种长势中等，11个品种均为果皮大红色、果肉粉红色，硬果品种多为小果型，软质品种多为大果型，强力红单果质量达到261g，小果型品种平均也在116～164g。超过10000kg/亩的品种有6个：TOP1056、TOP1131、印第安、TOP1107、中杂102、特硬红果，均为硬果品种。产量分析表明，TOP1056单产水平最高达到11522.1kg/亩，范燕山等筛选出适合华北地区日光温室秋冬茬栽培的品种中TOP1056表现出产量最高、抗病性好、长势强，说明TOP1056具有广泛的地域适应性和丰产性。

通过温室栽培番茄物候期、植株性状、果实性状以及产量分析与评价，结果表明，TOP1056、TOP1131、印第安、TOP1107、中杂102、特硬红果6个品种均可作为南疆日光温室越冬茬栽培品种。

二、秋延迟番茄品种筛选

秋延迟番茄是新疆地区主要外销蔬菜品种之一，近年来种植面积不断扩大。为了选出适应本地栽培的高产、高效、优质、抗病、耐储运的番茄新品种，特从外引品种中选出10个番茄新品种进行品种比较试验。

（一）品种

秋延迟番茄参试品种有红魔008（广东东莞），红魔007（广东东莞），FA189（以色列海泽拉公司），FA1420（海泽拉），FA1903（海泽拉），佳红4号（寿光），DAI ANNA（海泽拉），布尔特（海泽拉），ANDe WAAL Si（海泽拉），种加西亚CK（以色列泽文公司）。

（二）主要农艺性状比较

几个参试品种中，除红魔008与红魔007、DAI ANNA的长势无明显区别外，其余品种长势都比较强；茎粗以FA189号14.56mm为最粗，以佳红4号13.07mm最细，其余品种茎粗相差不大；株宽以佳红4号83cm最宽，以FA1420号76.2cm最窄；从果色上看，FA189、FA1420、FA1903、ANDe WAAL Si、DAI ANNA的红色深而亮，其余品种红色较浅，从果型上看，参试品种均为圆形，从果面上看，参试品种均果面光滑，从果脐大小看，除布尔特果脐稍大以外其他品种的果脐都比较小；果实硬度除ANDe WAAL Si成熟后硬度稍差一点外，其余品种果实硬度都比较坚硬；单果中以FA189号187g最重，其次FA1420号180g、DAI ANNA179g、佳红4号173g、FA1903号173g、布尔特170g、ANDe

WAAL Si168g、红魔007 165g、最轻的是红魔008 153g、加西亚CK177g。

（三）产量分析

如表4-5所示，FA1903、DAI ANNA产量相对最高，小区平均产量（简称小区均产）为62.2kg、60.1kg，折合亩产10540.0kg、10200kg，比新疆阿克苏地区常规品种增产25%和21%；其次是FA189、FA1420，小区均产57.7kg、55.2kg，折合亩产为9809.0kg和9384.0kg，增产16%和11%；最差的是布尔特、ANDe WAAL Si小区均产45.9kg、40.1kg，折合亩产为7803.0kg和6817.0kg，比新疆阿克苏地区常规品种减产7%和18%。

表4-5　秋延迟番茄各品种产量与熟性比较

品种	小区均产/kg	亩产/kg	增产量/±%	始收期（月-日）
红魔008	52.8	8976.0	6	10-2
红魔007	51.6	8772.0	4	10-1
FA189	57.7	9809.0	16	10-5
FA1420	55.2	9384.0	11	10-14
FA1903	62.2	10540.0	25	10-2
佳红4号	52.3	8891.0	5	10-4
DAI ANNA	60.1	10200.0	21	9-28
布尔特	45.9	7803.0	-7	10-7
ANDe WAAL Si	40.1	6817.0	-18	10-9
加西亚CK	49.5	8415.0		10-6

（四）耐储性与抗病性比较

于10月27日将几个参试品种8成熟的果实取样，在室温下进行自然储存调查，耐储性较强的品种是FA1420、FA189、红魔008、红魔007，到同年12月2日还具有商品价值，其次是FA1903、布尔特、ANDe WAAL Si、DAI ANNA、佳红4号，自然储存期差异不大。

根据对所试品种整个生育期的调查结果表明，从抗病性上看FA1420、FA189、布尔特、ANDe WAAL Si对黄萎病、枯萎病、根腐病、烟草病毒病及根结线虫有抗性，轻度感染叶霉病；红魔008、红魔007、FA1903、佳红4号、DAI ANNA轻度感染番茄早晚疫病。

（五）属性比较

除FA1420从定植到始收期为82d，相对偏晚外，其余品种从定植到始收期在70d左右，相差不大。

（六）结论

从几个参试品种的综合表现来看，FA1420、FA189、FA1903三个品种，长势好、抗病性强、产量高、果实硬度较好、自然存放时间长，虽然FA1903具有早熟性（前期价格低）但其产量高，总体收益还是与FA1420、FA189相当，所以可以作为新疆阿克苏地区秋延迟番茄栽培的替代品种，DAI ANNA长势较弱但产量较高，佳红4号综合表现也比较好，建议将这两个品种再做进一步试验。

三、樱桃番茄品种筛选

（一）筛选品种

樱桃番茄品种有秀玲和串番茄（上海惠和种业有限公司）、紫玉（北京绿金蓝种苗公司）、红樱桃（国家蔬菜工程技术研究中心）、黄樱桃（日本），映红二号（北京中农绿亨种子科技有限公司），以映红二号为对照，以上品种均为无限生长型。

（二）物候期

如表4-6所示，6个樱桃番茄品种同时播种（3月3日），同时定植（4月1日），初花期最早的是串番茄，为4月10日，初花期最迟的是映红二号，其余品种中等。始熟期从早到晚依次为串番茄、秀玲、黄樱桃、红樱桃、紫玉、映红二号。播种自始熟天数最短的为串番茄，为79d，播种自始熟天数最长的为映红二号，为119d。采收期最长的是串番茄，采收天数为190d，采收期最短的为映红二号，为150d，其余品种中等。

表4-6　不同樱桃番茄品种物候期比较

品种	播种期 （月-日）	定植期 （月-日）	初花期 （月-日）	播种至开 花天数/d	始熟期 （月-日）	播种自始 熟天数/d	采收期 （月-日）	采收天 数/d
串番茄	3-3	4-1	4-10	38	5-21	79	11-27	190
黄樱桃	3-3	4-1	4-16	44	5-27	85	11-27	184
紫玉	3-3	4-1	4-19	47	6-2	91	11-27	178
红樱桃	3-3	4-1	4-19	47	5-27	85	11-27	184
秀玲	3-3	4-1	4-19	47	5-26	84	11-27	185
映红二号	3-3	4-1	5-3	61	6-30	119	11-27	150

（三）不同时期各品种生长指标比较

如表4-7所示，在同一生长环境条件下，从株高、茎粗生长性状方面，黄樱桃表现最好，而且叶片也最多，表现出较强的生长势，其次为串番茄；映红二号的株高、茎粗最小，生长势最弱，另有紫玉，生长势也较弱。

表4-7　不同时期各樱桃番茄品种生长指标比较

品种	前期（4月11日）			中期（5月12日）		
	株高/cm	茎粗/cm	叶片数/片	株高/cm	茎粗/cm	叶片数/片
串番茄	24	0.6	9	115.13	0.96	22
黄樱桃	28	0.8	12	115.33	1.04	22
紫玉	23	0.5	9	91.77	1.10	21
红樱桃	28	0.7	9	101.33	1.05	22
秀玲	35	0.7	11	111.33	1.07	19
映红二号	20	0.6	8	50.03	0.80	15

（四）植物性状

如表4-8所示，樱桃番茄品种中黄樱桃的株高最高，为115.33cm，映红二号的株高最小，为35.03cm；紫玉的茎粗最大，为1.10cm，映红二号的茎粗最小，为0.80cm。果穗节位是衡量一个品种开花习性的重要指标，首花节位数最低的是串番茄，首花节位数在6~7节，其次为黄樱桃，首花节位数在8~9节，其余樱桃番茄品种首花节位数都在第9节左右，表明串番茄和黄樱桃具有开花早、成熟早的特性，其他品种稍迟些，这一点从表4-8中可以证明。映红二号品种的每穗花数最多，为15朵，紫玉的每穗花数最少，为6.7朵。串番茄的坐果率最低，为79.2%，紫玉的坐果率最高，为100%。紫玉的单株产量最高，为0.89kg，其次为黄樱桃，为0.86kg，红樱桃的单株产量最低，为0.38kg。

表4-8　不同樱桃番茄品种植物性状比较

品种	生长类型	株高/cm	茎粗/cm	首花节位数/节	花序间隔节位数/节	每穗花数/朵	坐果率/%	单株产量/kg
串番茄	无限生长型	115.13	0.96	6~7	3	8.5	79.2	0.75
黄樱桃	无限生长型	115.33	1.04	8~9	2	9.0	97.5	0.86
紫玉	无限生长型	91.77	1.10	9~10	2	6.7	100.0	0.89
红樱桃	无限生长型	101.33	1.05	9~10	2.3	8.5	88.0	0.38
秀玲型	无限生长型	111.33	1.07	9	2	14.4	97.6	0.41
映红二号	无限生长型	35.03	0.80	9~10	2	15.0	93.3	0.69

（五）果实性状

如表4-9所示，樱桃番茄品种中紫玉和映红二号果实纵向上有突出的果棱。从颜色方面，黄樱桃的颜色为橘黄色，紫玉为紫红色，红樱桃为深红色，其余三个品种为红色。果实硬度从大到小依次为红樱桃、映红二号、秀玲、串番茄、紫玉、黄樱桃，红樱桃的硬度最大，为13.08kg/cm²，表明红樱桃耐压，适合远距离运输，其次为映红二号，硬度为12.00kg/cm²，黄樱桃的硬度最小，为3.93kg/cm²，黄樱桃不耐压，适合就近销售；从平均单果质量方面，紫玉的平均单果质量最大，为22.39g，其次为映红二号，平均单果质量为20.53g，黄樱桃的平均单果质量最小，为7.31g。从果形指数方面，数值最大的为紫玉，为1.37，其次映红二号，为1.20，果形指数大说明其果形比较长；果形指数最小的为红樱桃，为0.87，说明其果形类似于扁圆形。

表4-9　不同樱桃番茄品种的果实性状比较

品种	果形	是否有棱	果色	心室/个	硬度/(kg/cm²)	纵径/cm	横径/cm	平均单果质量/g	果形指数
串番茄	心形	无	红色	2	9.94	2.60	2.88	14.63	0.90
黄樱桃	近圆形	无	橘黄色	2	3.93	2.36	2.15	7.31	1.10
紫玉	长椭圆形	有	紫红色	2	9.77	4.56	3.32	22.39	1.37
红樱桃	近圆形	无	深红色	2	13.08	2.36	2.70	10.53	0.87
秀玲	近圆形	无	红色	2	11.86	2.39	2.62	10.47	0.91
映红二号	心形	有	红色	2	12.00	3.61	3.01	20.53	1.20

（六）果实商品性

如表4-10所示，映红二号的中果皮厚度最大，为0.40cm；其次为紫玉，中果皮厚度为0.39cm；秀玲中果皮厚度较小，为0.24cm。6个参试品种在试验中都没有发生裂果，商品率都很高。在品质方面，在相同的肥水管理条件下，黄樱桃的可溶性固形物含量最高，达8.33%，味甜，品质佳，深受消费者的喜爱；其次是映红二号，可溶性固形物为8.25%，较甜，果肉脆，多汁；红樱桃的可溶性固形物含量最低，仅为5.33%，口感较差。

表4-10　不同樱桃番茄品种的果实商品性比较

品种	中果皮厚度/cm	商品率/%	可溶性固形物含量/%	裂果率/%	果实风味
串番茄	0.35	99.0	7.80	0	酸甜，果肉软，多汁，皮薄
黄樱桃	0.33	99.0	8.33	0	较甜，果肉脆，汁少，果皮薄

续表

品种	中果皮厚度/cm	商品率/%	可溶性固形物含量/%	裂果率/%	果实风味
紫玉	0.39	99.0	6.33	0	酸甜，汁少，果肉面，皮厚
红樱桃	0.27	99.0	5.33	0	酸甜，果肉脆，汁少，皮厚
秀玲	0.24	99.0	5.88	0	酸甜，果肉脆，多汁，皮厚
映红二号	0.40	98.0	8.25	0	较甜，果肉脆，多汁，皮厚

（七）产量

由表4-11可看出，樱桃番茄品种的小区均产中紫玉最高，为17.89kg，显著高于串番茄、映红二号、秀玲、红樱桃，红樱桃的小区均产最低，为7.68kg，而紫玉、黄樱桃的小区均产显著高于对照品种映红二号，秀玲和红樱桃的小区均产显著低于对照品种映红二号；6个樱桃番茄品种除串番茄外与对照品种映红二号均达到了极显著差异，折合亩产由高到低的排列顺序为：紫玉、黄樱桃、串番茄、映红二号、秀玲、红樱桃。

表4-11   各樱桃番茄品种产量统计

品种	小区均产/kg	折合每亩的产量/kg
紫玉	17.89	2594.05
黄樱桃	17.24	2499.80
串番茄	14.90	2160.50
映红二号	13.87	2011.15
秀玲	8.17	1184.65
红樱桃	7.68	1113.60

（八）抗病性

由于栽培方式是无土栽培，基质为蘑菇料和蛭石，同时地面铺设黑色塑料地膜，室内湿度较小，环境条件适宜樱桃番茄生长，病虫害极轻，所以在樱桃番茄生长发育期间病虫害发生率较低，只轻微出现了一些早疫病、晚疫病、白粉病、白粉虱、蚜虫和潜叶蝇、蓟马。经过药剂防治（在白粉病发生病初期，在傍晚喷洒10%多百粉尘剂每亩为1kg/次），白粉病及时得以控制；采用蓝色粘虫板防治蓟马，采用黄色粘虫板防治白粉虱和蚜虫；其中串番茄对早疫病、晚疫病的抗病能力强。

（九）结论

黄樱桃的特点是果型较小，果实金黄色，成熟期早，生长势强，平均单果质量7.31g，在6个参试品种中产量第二，该品种果实品质极佳，果皮薄，肉质多汁甘甜，糖度高（可达8.33%），口味佳，受到消费者的喜爱，但由于皮薄、不耐压，可以选择就近销售。

串番茄的果型适中，成熟期较早，平均单果质量14.63g，产量较高，初花期较早，且串番茄的可溶性固形物含量较高，不易裂果，品质较好，且抗病性较强，适合远距离运输，适合大面积推广种植。

紫玉的花果数少，但坐果率高，果实颜色为紫红色，形状为长椭圆形，果形大，平均单果质量为22.39g，6个樱桃番茄品种中产量排第一，同时也可看出，单果质量、果径大的品种产量高。但成熟期最迟，生长势较弱，果实皮厚汁少，肉质较面，口感一般。

红樱桃品种果实较小，近圆形，深红色，硬度在7个参试品种中最高，为13.08kg/cm^2，不易裂果，但口感较差，产量最低，为1113.60kg/667m^2，不适宜大面积推广应用。秀玲和红樱桃的各项指标差不多，但秀玲的坐果率较高，品质方面和产量都比红樱桃品种高，可以对其做进一步试验。

樱桃番茄是一种高档水果型番茄，对其外观、品质、口感等商品性的要求较高。樱桃番茄果实特征对其商品性影响最大，综合各项指标来看，串番茄果形果色美观、裂果少、糖度高、品质佳、产量高、采收期早且集中，在6个参试品种中综合性状最为突出，适合大面积推广。其次为黄樱桃和紫玉，黄樱桃成熟期早，生长势强，品质佳，产量排第二，但不耐压，适合就近销售；紫玉坐果率高，产量排第一，但成熟期较晚，口感一般，综合性状优于对照品种映红二号。以上3个品种可以在国内条件类似地区推广应用，同时提高栽培管理技术，注意病害的防治。

第二节
非耕地日光温室黄瓜品种筛选

一、日光温室黄瓜品种筛选

（一）品种

黄瓜品种有博耐999黄瓜，宝秀888黄瓜，津优38黄瓜，博耐13黄瓜，凯悦F1黄瓜，津优30黄瓜，丰冠三号黄瓜，鲁缘四号黄瓜，太空104黄瓜，津育新星一号黄瓜，津棚90黄瓜，奥运008黄瓜，津绿三号黄瓜。

（二）播种基本情况

7月30日在沙雅县智能温室进行育苗，所有参试品种，统一时间，统一基质，统一育苗盘，统一肥水管理，定植后盖膜，栽培密度大行距90cm，小行距40cm，株距30cm。

（三）田间管理

8月12日施基肥，用人畜腐熟粪15m³；二铵40kg；复合微生物肥19kg。8月18日进行定植，定植后加强苗期管理，8月19日用生根壮苗剂10g、多菌灵30g、链霉素5g进行灌根；8月26日同上次一样进行第二次灌根；8月29日灌水，用沼液3m³、尿素21kg进行第一次追肥；9月11日用磷酸二氢钾0.3kg兑水喷施；9月17日用磷酸二氢钾0.3kg加喷施宝5g兑水喷施；9月27日用磷酸二氢钾0.3kg加尿素0.15kg兑水喷施；10月4日灌水用沼液3m³、尿素10kg进行第二次追肥。随着植株的生长适时捆蔓和打杈。在结果后期，摘除下部老叶，以利通风透气减少病虫害的发生。

（四）病虫害的防治

在幼苗期8月20日和30日用75%的百菌清800倍液防治猝倒病；在结果初期即9月23日用杀毒矾500倍液防治疫病；在结果盛期，即10月10日，用杀毒矾600倍液加扫螨净2000倍液防治霜霉病和螨类。

（五）小区产量及经济效益

1. 博耐999黄瓜

博耐999黄瓜种植24株，每株平均坐果8个，株平均实产2.0kg，实收产量48kg，具有商品价值的产量为41.57kg，占总产量的86.6%，折合亩产为5002.24kg，平均批发价为1.2元/kg，亩产值为6002.69元，除去种子、农药、化肥、农膜、竹栈生产成本，亩纯收入达4757.9元。

2. 宝秀888黄瓜

宝秀888黄瓜种植24株，每株平均坐果6个，株平均实产1.9kg，实收产量45.6kg，具有商品价值的产量为39.49kg，占总产量的86.6%，折合亩产为4750.3kg，平均批发价为1.2元/kg，亩产值为5700.36元，除去种子、农药、化肥、农膜、竹栈生产成本，亩纯收入4455.57元。

3. 津优38黄瓜

津优38黄瓜种植24株，每株平均坐果7个，株平均实产2.1kg，实收产量50.4kg，具有商品价值的产量为43.65kg，占总产量的86.6%，折合亩产为5250.38kg，平均批发价为1.2元/kg，亩产值为6300.46元。除去种子、农药、化肥、农膜、竹栈生产成本，亩纯收入5055.67元。

4. 博耐13黄瓜

博耐13黄瓜种植24株，每株平均坐果7个，株平均实产2.2kg，实收产量52.8kg，具有商品价值的产量为45.73kg，占总产量的86.6%，折合亩产为5500.32kg，平均批发价为1.2元/kg，亩产值为6600.38元，除去种子、农药、化肥、农膜、竹栈生产成本，亩纯收入5355.59元。

5. 凯悦F1黄瓜

凯悦F1黄瓜种植24株，每株平均坐果8个，株平均实产2.0kg，实收产量48kg，具有商品价值的产量为41.57kg，占总产量的86.6%，折合亩产为5000.24kg，平均批发价为1.2元/kg，亩产值为6000.29元，除去种子、农药、化肥、农膜、竹栈生产成本，亩纯收入4755.5元。

6. 津优30黄瓜

津优30黄瓜种植24株，每株平均坐果8个，株平均实产2.0kg，实收产量48kg，具有商品价值的产量为41.75kg，占总产量的86.6%，折合亩产为5000.65kg，平均批发价为1.2元/kg，亩产值为6000.29元，除去种子、农药、化肥、农膜、竹栈生产成本，亩纯收入4755.5元。

7. 丰冠三号黄瓜

丰冠三号黄瓜种植24株，每株平均坐果7个，株平均实产1.9kg，实收产量45.6kg，具有商品价值的产量为39.49kg，占总产量的86.6%，折合亩产为4750.3kg，平均批发价为1.2元/kg，亩产值为5700.36元，除去种子、农药、化肥、农膜、竹栈生产成本，亩纯收入4455.57元。

8. 鲁缘四号黄瓜

鲁缘四号黄瓜种植24株，每株平均坐果8个，株平均实产2.2kg，实收产量52.8kg，具有商品价值的产量为45.73kg，占总产量的86.6%，折合亩产为5500.32kg，平均批发价为1.2元/kg，亩产值为6600.38元，除去种子、农药、化肥、农膜、竹栈生产成本，亩纯收入5355.59元。

9. 太空104黄瓜

太空104黄瓜种植24株，每株平均坐果7个，株平均实产1.9kg，实收产量45.6kg，具有商品价值的产量为39.49kg，占总产量的86.6%，折合亩产为4750.3kg，平均批发价为1.2元/kg，亩产值为5700.36元，除去种子、农药、化肥、农膜、竹栈生产成本，亩纯收入4455.57元。

10. 津育新星一号黄瓜

津育新星一号黄瓜种植24株，每株平均坐果7个，株平均实产2.3kg，实收产量55.2kg，具有商品价值的产量为47.81kg，占总产量的86.6%，折合亩产为5750.52kg，平均批发价为1.2元/kg，亩产值为6900.63元，除去种子、农药、化肥、农膜、竹栈生产成本，亩纯收入5655.84元。

11. 津棚90黄瓜

津棚90黄瓜种植24株，每株平均坐果9个，株平均实产2.2kg，实收产量52.8kg，具有商品价值的产量为45.73kg，占总产量的86.6%，折合亩产为5500.32kg，平均批发价为1.2元/kg，亩产值为6600.38元，除去种子、农药、化肥、农膜、竹栈生产成本，亩纯收入5355.59元。

12. 奥运008黄瓜

奥运008黄瓜种植24株，每株平均坐果8个，株平均实产1.9kg，实收产量45.6kg，具有商品价值的产量为39.49kg，占总产量的86.6%，折合亩产为4750.3kg，平均批发价为1.2元/kg，亩产值为5700.36元，除去种子、农药、化肥、农膜、竹栈生产成本，亩纯收入4455.57元。

13. 津绿三号黄瓜

津绿三号黄瓜种植24株，每株平均坐果8个，株平均实产2.0kg，实收产量48kg，具有商品价值的产量为41.75kg，占总产量的86.6%，折合亩产为5000.65公斤，平均批发价为1.2元/kg，亩产值为6000.29元，除去种子、农药、化肥、农膜、竹栈生产成本，亩纯收入4755.5元。

（六）结论

津棚90、鲁缘四号和博耐13黄瓜具有结瓜节位低，始收期早，瓜条均匀，商品性质好，生长势强，产量高等特点，适宜大面积推广种植。而津育新星一号黄瓜结瓜节位比上三种黄瓜高，始收期较早，畸形瓜多，商品率偏低，瓜条长，单瓜较重，中后期销售好，经济效益中等，建议试种。

二、水果黄瓜品种筛选

（一）品种

水果黄瓜品种有康德（Condesa RZ F1）杂交种；冬之光（22-36Valleystar RZ F1杂交种）；22-41（Zaayed RZ F1）杂交种；对照为戴多星（CK）（Deltastar RZ F1）杂交种，共4个品种，均由荷兰瑞克斯旺（中国）种子有限公司提供。

（二）物候期

如表4-12所示，供试水果黄瓜品种同时播种，9月27日同时出苗并于10月31日同时定植，但是在初花期（第一朵雌花开放日期）表现上略有差异，品种22-41生长速度最快，最先开花，其次是冬之光和戴多星，但总体相差范围在5d之内。始收期同初花期表现一致，品种22-41首先收获，该品种成熟期短，从开花到采收需要47d；康德、冬之光和戴多星紧随其后，三个品种之间相比差异不明显。采收持续到次年5月5日，统一拔秧整地；全采收期最长的是康德，其次是冬之光，4个品种全生育采收天数均在180d左右。

表4-12　不同水果黄瓜品种物候期比较

品种	播种期（月-日）	定植期（月-日）	初花期（月-日）	播种至开花天数/d	始收期（月-日）	播种至始收天数/d	未收期（月-日）（次年）	采收天数/d
康德	9-24	10-31	11-5	43	11-9	47	5-5	176
冬之光	9-24	10-31	11-6	44	11-10	48	5-5	175
22-41	9-24	10-31	11-8	46	11-12	50	5-5	173
戴多星（CK）	9-24	10-31	11-8	46	11-11	49	5-5	174

（三）果实商品性

果实商品性主要调查了供试水果黄瓜品种的果形、果长、横径、果色及口感等性状，见表4-13。

表4-13　不同水果黄瓜品种果实商品性比较

品种	果形	果长/cm	横径/cm	果形指数	果色	果刺	口感
康德	粗棒状	16.8	3.1	5.41	翠绿有光泽	光滑微棱	嫩脆微甜、清香
冬之光	圆柱状	17.4	2.9	5.65	墨绿光泽好	光滑无棱	清香、嫩脆
22-41	短棒状	15.1	2.7	5.59	墨绿光泽好	光滑微棱	鲜美
戴多星（CK）	短棒状	16.1	2.9	5.55	深绿有光泽	光滑微棱	清香、嫩脆

1. 果形、果色

水果黄瓜的外形小巧秀美，不同品种间差别不显著。康德为粗棒状，22-41和戴多星（CK）为短棒状，冬之光为圆柱状；冬之光为光滑无棱，其他3个品种均光滑微棱，4个品种均无刺瘤；冬之光、22-41的果色为墨绿，表皮光泽好；康德为翠绿，戴多星（CK）为深绿，表皮有光泽。

2. 果长、果形指数

商品瓜长度以品种冬之光17.4cm为最长，康德为其次，22-41最短；各品种商品瓜横径在2.7～3.1cm，差异不明显；果形指数中以品种冬之光为最大（5.65），其次是22-41和戴多星（CK），康德最小。

3. 口感

供试的4个水果黄瓜品种中，以康德的口感最好，表现为嫩脆、微甜、清香，风味优，很好地满足了群众作为餐后水果的需要；冬之光和戴多星（CK）次之，表现为清香、嫩脆，适合大众口味；22-41为鲜美。4个水果黄瓜品种均无涩味，口感较好。

4. 产量

实际测产时间为整个采收期，供试品种均为雌性系黄瓜，节瓜性差异不大，如表4-14所示，除了对照品种戴多星（CK）为1节多瓜，其他均为1节2瓜；单瓜质量康德最大，冬之光次之，为78.2g，戴多星（CK）最小，为54.6g，总体上均在50~90g；小区产量、折合亩产量最大的均是康德，最小的是戴多星（CK）；冬之光的产量与22-41相近。

表4-14　不同品种水果黄瓜品种的总产量

| 品种 | 单瓜质量/g | 节瓜性 | 小区产量/kg | | | | 折合亩产量/kg | 排序 |
			重复Ⅰ	重复Ⅱ	重复Ⅲ	均值		
康德	85.0	1节2瓜	89.8	92.1	94.6	92.5	6563.6	1
冬之光	78.2	1节2瓜	80.9	90.6	82.6	84.7	6010.1	2
22-41	66.3	1节2瓜	81.9	83.8	82.1	82.6	5861.7	3
戴多星（CK）	54.6	1节多瓜	78.4	80.2	78.8	79.2	5819.2	4

（四）抗病性

在整个生育期中，戴多星（CK）霜霉病较重，康德和冬之光表现较好，感病较轻，22-41介于这两个品种之间。冬之光总体上抗病性最强，康德较强（表4-15）。

表4-15　不同品种水果黄瓜抗病性比较

| 品种 | 病害 | | | | |
	黄瓜花叶病毒病	白粉病	疮痂病	霜霉病	黄脉纹病毒病
康德	++	+++	+++	++	++
冬之光	+++	+++	+++	+++	++
22-41	++	++	++	+++	++
戴多星（CK）	+++	+++	+++	+	+++

注：+++表示抗性强，++表示抗性中等，++表示抗性弱。

（五）结论

对引进的康德、冬之光、22-41、戴多星（CK）4个水果黄瓜品种进行品种比较试验，综合果实性状、产量、品质和抗逆性等因素，康德的栽培效果最为理想，该品种长势健壮，瓜生长速度快，叶色深绿，果实外观形状好，口感微甜、清脆，适合大众口味，易被接受，不但总产量最高且增产潜力大，且抗病性强，可作为主要推广品种；冬之光几乎具备康德的所有特性，品质优秀，产量较高，但是抗逆性稍差，可作为搭配品种进行推广。

第三节
非耕地日光温室辣椒品种筛选

一、品种

参试辣椒品种由荷兰瑞克斯旺（中国）种子有限责任公司提供，为秋延后日光温室栽培品种5个：迅驰（37-74 F1）杂交种，是亮剑（37-79 F1）杂交种，斯丁格（37-76 F1）杂交种，南优（37-37 F1）杂交种，芭莱姆（37-83 F1）杂交种。其中南优品种为对照品种。

二、物候期比较

五个参试秋延后辣椒品种都适宜秋冬、早春日光温室种植，此试验所记录的是秋延后保护地栽培的数据，从播种到出苗大概需5~7d，出苗到定植大概需40d左右，定值到初花期26d左右，初花期后退10~15d到盛花期，再推大概60d开始采收，采收一个月左右下架。秋延后品种采收天数较短，不同品种有各自的特点，具体差异如表4-16所示，这5个品种中迅驰、亮剑、斯丁格以及芭莱姆是中熟品种，对照品种南优为早熟品种。4个早熟品种物候期差异不显著，生长发育过程只存在细微的差别，大致相同。而南优品种作为对照种与这4者相比较从定植期到始收期大概提前10d左右，南优由于植株个体较小生长发育期短，熟性早，因此冬季上市早，价格贵，盈利高，但在果实商品性方面略低于其他品种。

表4-16　不同参试辣椒品种物候期比较

品种	播种期 （月-日）	出苗期 （月-日）	定植期 （月-日）	初花期 （月-日）	盛花期 （月-日）	始收期 （月-日）	末收期 （月-日）
迅驰	6-26	7-1	8-15	9-12	9-27	11-10	12-15
亮剑	6-26	7-1	8-15	9-12	9-27	11-10	12-15
斯丁格	6-26	7-1	8-15	9-12	9-27	11-10	12-15
南优	6-26	6-30	8-10	9-6	9-21	11-2	12-7
芭莱姆	6-26	7-1	8-15	9-12	9-27	11-10	12-20

三、植株性状比较

判断辣椒植株生长得好坏，就通过比较其植株性状，如生长类型、生长势、植株高矮，植株太高易倒伏，营养生长旺盛，生殖生长弱，影响辣椒坐果率，导致产量低，并且栽培管理及采摘过程中不易于人操作。开展度大小体现植株生长的紧凑程度，在管理过程中适时整枝打岔，通风透气，提高产量。首花节位越低的品种越好，产量高，植株也相对矮小。不同品种有各自的差异，以下5个品种的植株性状如表4-17所示，这5个品种生长旺盛、长势强、开展度中等、产量高属于无限生长型的丰产品种。南优品种作为对照种，经测量多次得株高大概范围为80～100cm，针对一次的数据比较株高为85cm，迅驰和斯丁格生长状况大概相同，多次测量株高范围为95～110cm，与对照品种同一时期测得株高为102cm和104cm，可见二者差异不显著。南优与他们比较差异显著。亮剑品种株高110cm，生长后期可达将近2m，品种优于对照种，由于植株高大，坐果率低，且不便于人工操作，此品种又略低于斯丁格和迅驰。芭莱姆株高95cm，属于中高品种，植株生长整齐度高，品种优良属优质种。

表4-17 不同参试辣椒品种植株性状比较

品种	生长类型	生长势	株高/cm	首花节位	抗病性
迅驰	无限生长型	强	102	7节	锈斑病和烟草病毒病
亮剑	无限生长型	强	110	11节	烟草病毒病
斯丁格	无限生长型	强	104	7节	锈斑病和烟草病毒病
南优	无限生长型	强	85	11节	烟草花病毒病
芭莱姆	无限生长型	强	95	7节	花叶病、番茄斑萎病

在首花节位这方面，迅驰、斯丁格、芭莱姆首花节位低，这3个品种植株生长势强，连续坐果性好，果实膨大快，坐果多，前后期果一致。

在抗病性方面，亮剑和南优抗烟草病毒病，迅驰和斯丁格抗锈斑病和烟草病毒病，芭莱姆除了抗烟草病毒病以外还抗番茄斑萎病，因此可见芭莱姆品种抗病性强，后期不早衰。

综上所述可看出在这5个品种中最优种是芭莱姆，其次是斯丁格、迅驰、亮剑。对照种南优最差，南优植株矮小，首花节位高，抗病性也不如其他4个品种。

四、果实性状比较

如表4-18所示，迅驰品种俗称黄皮椒，果实为羊角形，淡绿色。在正常温度下，果实长度可达20~25cm，直径4cm左右，外表光亮，商品性好，单果质量80~120g，植株生长旺盛，连续坐果性强。

表4-18　不同参试辣椒品种果实性状比较

品种	果形	是否有棱	果色	整齐度	长度/cm	直径/cm	平均单果质量/g	外表光泽	耐寒性	辣味
迅驰	羊角形	是	淡绿色	高	20~25	4	80~20	光亮	好	辣味浓
亮剑	羊角形	是	淡绿色	高	20~25	4	80~120	光亮	好	辣味浓
斯丁格	羊角形	是	浓绿色	高	20~25	4	80~120	光亮	好	辣味浓
南优	羊角形	是	深绿色	高	18~22	2~3	50~80	光亮	好	辣味浓
芭莱姆	牛角形	是	深绿色	高	16~25	4~5	100~150	光亮	好	辣味浓

亮剑品种是最新引进大果青黄皮杂交一代尖椒，果长22~28cm，果肩宽4~5cm，果基有皱褶，肉厚腔小，味辣，单果质量60~90g，最大125g。

斯丁格品种无限生长，果实羊角形，浓绿色，味辣，耐寒性好，连续坐果性强，在正常温度下，果实长度可达20~25cm，直径4cm左右，外表光亮，商品性好，单果质量80~120g，辣味浓，口感特别好。

南优品种是杭椒型辣椒，植株开展度中等，无限生长型，生长旺盛，叶片深绿色，早熟，在正常栽培条件下，果长18~22cm，直径2~3cm，平均单果质量35~50g，辣味浓，连续坐果性强，果实深绿色，果面光亮，商品性好。

芭莱姆品种是从荷兰引进的新品种辣椒，与其他辣椒品种相比，具有高产、抗病性强、采摘期长等优点，深受种植户欢迎，适合日光温室和早春大棚种植，果实大，牛角形，果实长度可达16~25cm，直径4~5cm，外表光亮，商品性好，单果质量100~150g，辣味浓。

这5个品种果实性状差异很显著。除芭莱姆果实形状牛角形以外，其他4个品种果实都是羊角形；迅驰、亮剑果色浅，剩余3个果色深；南优品种作为对照种其果实长度仅为18~22cm比其他4个品种果实都短，剩余4个品种中芭莱姆果实最长；对照种的果肉直径也最小，为2~3cm，迅驰、亮剑、斯丁格这3个品种果实直径均在4cm，可见这3个品种果实性状差异性就在于颜色。芭莱姆直径最长，为4~5cm，平均单果质量也最大。5个品种果皮光滑光亮，颜色亮丽，其中亮剑品种口感好，辣味浓郁，属于辣味型品种。

综上所述通过果实一系列性状比较可得果实品质最优的是芭莱姆，其果个大，果肉厚，卖相好并且采收期长，产量高，销量大，深受种植户们的喜欢；其次是斯丁格；再次是亮剑和迅驰；最后是对照种南优。

五、果实商品性

这5个辣椒品种种子质量好，植株抗病性强，果实端正，商品性好，具体数据如表4-19所示，裂果率极低并且畸形果率普遍低，只有当授粉温度较低、水肥供应不足时才会出现畸形果。

表4-19　不同参试辣椒品种果实商品性比较

品名	畸形果率/%	商品果率/%	口味
迅驰	2	96	辣味浓，口感好，肉质厚
亮剑	2	96	辣味浓，口感好，肉质厚
斯丁格	2	96	辣味浓，口感好，肉质厚
南优	5	94	辣味浓，口感好，肉质薄
芭莱姆	2	98	辣味浓，口感好，肉质厚

这几个品种品质优良抗病性强，病果率少，新疆伊犁地区气候炎热温度高，日灼果率较高。迅驰、亮剑、斯丁格、芭莱姆这4个品种畸形果率，为2%，迅驰、亮剑、斯丁格病果率主要是日灼果率为2%，芭莱姆果实商品性好、耐热性强因此没有日灼果，而对照品种南优与它们相比畸形果率高得多，日灼果少，这主要是因为对照品种果实细、个小且对水肥管理要求高，畸形率高，但不易得日灼病。

六、丰产性比较

早熟品种迅驰、亮剑11月中旬上市，在气温高水肥供应充足的情况下，植株容易徒长，因此要及时进行整枝打杈，主枝打头，侧枝去头，打掉老叶，利用回头椒提高产量，提高经济效益达到丰产目的。

南优属于早熟品种，主要以冬季上市早、价格好，提高经济效益，但果实商品性比其他品种差，产量也不高。

斯丁格也属于早熟品种，根据其栽培管理特点，提高产量主要是通过坐果期的浇水施肥，此品种前期产量高，但后期产量不如其他品种，因此坐果期加强浇水施肥，最好以腐熟的有机肥作基肥，坐果前注意适当控水控肥，防止植株旺长引起落花落果，坐住果后最好保持土壤见干见湿，肥水量稳定一致，提高产量。

芭莱姆品种适应性广，耐性好，前后坐果率一致，施足基肥，及时追肥，及早防治病虫害，雨季防水排涝。根据当地情况亩栽3500~4000株，产量可达9000kg以上，产量极高，丰产性极强，深受种植户的喜爱。

如表4-20所示，迅驰、亮剑、斯丁格这3个品种丰产性差异不显著，主要因为品种特性相似，迅驰和亮剑植株略高于斯丁格，营养生长旺盛，所以在产量方面比斯丁格低。南优作为对照品种与他们相比产量差异很显著，此品种植株小，栽培条件要求高，果实商品性不太好，丰产性显著低，因为其属于早熟种，上市早，也能为农户赚得利益，因此多种植户也很喜欢种植它。

表4-20　不同参试辣椒品种丰产性比较

品名	单果质量/g	小区均产/kg	每亩产量/kg
迅驰	80~120	290.4	7121.2
亮剑	80~120	290.4	7121.2
斯丁格	80~120	330	8092.7
南优	50~80	264	6373.8
芭莱姆	100~150	369.6	9063.4

综上所述芭莱姆品种丰产性最高，果实个体大，商品性好，适应性广，小区均产和每亩产量都位于参试品种之首，种植面积很大。

七、结论

从以上几个辣椒品种的物候期、植株性状、果实性状、商品性及丰产性等方面分析，可知芭莱姆在主要经济性状方面均优于其他品种，主要表现为前期产量和总产量较高、抗病能力强、商品性状优良等特点。近几年全国大棚辣椒区域试验中该品种在北方表现出较好的抗病性，高产适应性广等特点。除芭莱姆属于牛角形以外的4个品种都属于羊角形，抗病性强，结果多，产量中上等。斯丁格、亮剑、迅驰品种的产量都比对照品种南优高。南优品种虽产量低，但上市早，价格好，属于早熟品种，辣味浓，抗病，是延晚栽培的好品种。

在日光温室生产中，芭莱姆作为秋延后栽培品种效果好，南优品种可作为早熟栽培的配套品种，以求均衡上市，满足市场需求，提高农民经济收入。

第四节
非耕地日光温室茄子品种筛选

一、品种

茄子选用布利塔、东方长茄、爱丽舍，这三个品种均为荷兰瑞克斯旺种子有限公司选育。

二、物候期比较

从田间茄子的生育周期及特性观察来看（表4-21），从播种到始花期的时间以爱丽舍最短，为45d；其次为东方长茄51d；布利塔最长为54d。从播种到始收期的时间以布利塔最短，为99d；其次是爱丽舍为105d；东方长茄时间最长为110d，布利塔从播种到开花最迟。布利塔和爱丽舍早熟性均早于东方长茄，以布利塔采收期最早，于试验年10月21日即开始采收，比爱丽舍早6d，从始花期到采收期只需45d，可知布利塔果实膨大较快，生长势强。布利塔茄子品种生长速度快，喜欢肥力水平高的土壤，果实膨大期要结合灌水适当追肥。

表4-21 不同参试茄子品种物候期比较

品种	播种期 （月-日）	定植期 （月-日）	初花期 （月-日）	播种至开花 天数/d	始收期 （月-日）	终收期 （月-日）
布利塔	7-10	8-25	9-6	54	10-21	6-30
东方长茄	7-10	8-25	9-1	51	11-2	6-30
爱丽舍	7-10	8-10	8-25	45	10-27	6-30

三、植物学性状比较

如表4-22所示，布利塔和东方长茄2个品种的株高都比爱丽舍的高，茄子叶片（包括子叶在内）形态的变化与品种的株形有关：株形紧凑、生长高大的一般叶片较狭；而生长稍矮、株形开张的叶片较宽；单叶互生，叶椭圆形或长椭圆形；茎、叶颜色也与果色有关，紫茄品种的嫩枝及叶柄带紫色；茎直立、粗壮、木质化，分枝习性为假二杈分枝即按$N=2x$（N为分枝数，x为分枝级数）的理论数值不断向上生长。每一次分枝结一次果实，按果实出现的先后顺序，习惯上称之为门茄、对茄、四母斗、八面风、满天星，实际上，一般只有1~3次分枝比较规律。由于果实及种子的发育，特别是下层果实采收不及时，上层分枝的生长势减弱，分枝数减少。就开展度而言布利塔和东方长茄也较爱丽舍大，生长势明显比爱丽舍强，尤其以布利塔最为明显。布利塔和爱丽舍品种的花萼小，东方长茄的花萼为中等大小，布利塔和东方长茄的叶片为中等大小，爱丽舍的叶片较小，萼片均无刺。

表4-22　不同参试茄子品种植株性

品种	生长类型	生长势	株高/cm	茎粗/cm	开展度/（cm×cm）
布利塔	无限	良好	225	0.6	67×74
东方长茄	无限	良好	224	0.5	65×75
爱丽舍	无限	良好	200	0.6	62×67

　　茄子冬季温室栽培光照弱、空间小，加之生长时间长，不能采用露地栽培的二叉状整枝法。经实践，采用双秆"V"形方法整枝吊杆效果较好，即保留门茄下第1侧枝与主干形成双秆，其他侧枝适时摘除，株高40cm时吊杆，以后根据生长状况及时吊杆、打杈，摘除病叶、老叶，保证群体通风、透光，防止阴湿、烂果。

　　合理整枝是长茄获得高产的基础，因此整枝的方法必须正确，然后结合适宜的温湿度管理、肥水管理，获得高产没有任何问题。值得注意的是，在整枝的过程中尽量选择晴天进行并且伤口要小，以加快伤口愈合。整枝后由于棚内湿度大，伤口愈合慢，为防止病菌从伤口侵入造成危害，要及时喷施75%百菌清800倍、8%中生菌素1000倍或72%农用链霉素1500倍防治病害的发生。

四、果实形状比较

　　从果实形状来比较（表4-23），长茄品种果肉细胞排列呈松散状态，质地细腻。布利塔、东方长茄和爱丽舍的果形属同一类型，都为圆筒形。布利塔和东方长茄的果实长度比爱丽舍短，果粗比较大，爱丽舍的果实长度比布利塔和东方长茄长，果粗比较小，果实颜色都为紫黑色，平均单果质量明显比爱丽舍重，布利塔和东方长茄的单果质量达400~450g，爱丽舍达300~350g。

表4-23　不同参试茄子品种果实形状

品种	果形	果色	纵径/cm	横径/cm	平均单果质量/g
布利塔	长形	紫黑	24.5	7.0	432
东方长茄	长形	紫黑	25	7.5	415
爱丽舍	长形	紫黑	28.2	6.6	324

五、产量与效益分析

从生产结果来看（表4-24），始收期开始每小区选取10株考察性状，取平均值，始收期的记载标准是在该小区内第一次采收食用成熟果实达3个以上，前期单果质量布利塔最重，东方长茄次之，爱丽舍果实较为细小，质量最轻；前期单株产量以爱丽舍最高，因为爱丽舍品种的结果数较布利塔和东方长茄多；小区前期产量以爱丽舍最高，布利塔其次，东方长茄的前期产量最低；但在全生育期的总产量上以布利塔产量最高，东方长茄其次，爱丽舍最低；到采收后期，布利塔和东方长茄的果实迅速膨大，单果质量和结果数明显增加，最终总产量高于爱丽舍。

表4-24　不同参试茄子品种丰产性比较

品种	前期单果质量/g	前期单株产量/kg	小区前期产量/kg	每亩总产量（全生育期）/kg
布利塔	285.4	2.3	441.6	12790.6
东方长茄	280.3	2.2	422.4	12287.3
爱丽舍	269.2	2.7	518.4	9593.0

六、结论

茄子新品种布利塔植株开展度大，为无限生长型，花萼小，叶片中等大小，无刺，早熟，丰产性好，生长速度快，采收期长，果实为长形，果面紫黑色，质地光滑油亮，绿萼，绿把，相对密度大，平均单果质量432g，长24.5cm，直径7cm，畸形果极少，色泽好，不易生子，老熟，保鲜期长，摘下后可以常温存放保鲜好几天。该品种耐低温，在低温条件下能连续坐果，高抗土传病害（黄萎病、枯萎病、根腐病）。果实采收期8个月以上。该品种表现出适应性强、抗病、高产、耐低温、耐储藏、商品性好等优点，且栽培管理相对简单，在一定程度上减轻了菜农的劳动强度，种植效益十分可观，采用嫁接栽培后生长周期长达1年以上。温室周年栽培亩产量可达18000kg以上。本试验中的栽培并未实现周年栽培，产量最高仅达到13000kg，适合冬季温室和早春保护地种植。

东方长茄和布利塔的性状几乎相同，相比之下布利塔的产量高于东方长茄。爱丽舍前期产量在比较的3个品种中最高，早熟性较对照早，其果实性状、商品性基本与布利塔相近，但该两个品种茄子果实形状、品质风味不是十分适合当地的消费习惯。布利塔的市场价格更好一些，自推广以来，布利塔果实以优良的特性受到了客户的青睐，平均售价高于普通品种30%以上，经济效益增加50%以上。因此，布利塔茄子可以在生产上大面积推广。

第五节
非耕地日光温室甜瓜品种筛选

一、品种

参试甜瓜品种有早黄蜜、早熟黄后、金蜜5号、西甜14号、西甜10号、西州蜜1号、金雪莲、绿宝石、黄皮9818、绿皮9818、新蜜36号、西州蜜25号、金蜜3号、仙果、抗病伽师。

二、性状比较

如表4-25所示，苗期西甜14号、早黄蜜、绿皮9818和抗病伽师等品种对猝倒病的抗逆性较差，长势不好，容易受病虫害，绿宝石、黄皮9818、新蜜36号和金蜜3号等品种的抗猝倒病性强，抗旱、耐热、长势良好。

表4-25　不同参试甜瓜品种性状比较

品种名称	平均株高/cm	平均叶片数/个	子叶是否完整	对猝倒病的抗逆性/%
早黄蜜	12.9	4.1	完整	79.4
早熟黄后	15.6	4.4	完整	86.8
金蜜5号	15.1	3.6	完整	88.9
西甜14号	11.5	3.4	完整	80.7
西甜10号	10.7	3.8	完整	92.9
西州蜜1号	14.1	4	完整	86.6
金雪莲	10.1	3.7	完整	81.1
绿宝石	13	4.4	完整	93.7
黄皮9818	13.9	4.8	完整	94.8
绿皮9818	12.7	4.3	完整	77.8
新蜜36号	13.8	4.5	完整	95.2
西州蜜25号	13.9	4.3	完整	89.9
金蜜3号	15.2	4.5	完整	97.3
仙果	11.3	4.1	完整	89.2
抗病伽师	9.1	4	完整	88.8

三、发病率比较

如表4-26所示，西甜10号、绿皮9818、金蜜3号、金雪莲等品种对白粉病的抗性最好，抗病伽师的抗性最差。黄皮9818、新蜜36号和金蜜3号等品种对病毒病的抗性最好。金雪莲、黄皮9818、绿皮9818等品种对枯萎病的抗性最好，西州蜜1号和仙果的抗性最差。综合情况来看，金蜜3号和新蜜36号的抗性最好。

表4-26　不同参试甜瓜品种发病率比较

品种名称	病毒病/%	白粉病/%	枯萎病/%
早黄蜜	100	83.3	7.7
早熟黄后	92.3	75	12.8
金蜜5号	92.3	81.8	10.3
西甜14号	100	84.6	10.3
西甜10号	100	20	12.5
西州蜜1号	100	58.3	15.4
金雪莲	100	8.3	0
绿宝石	75	23.1	10.3
黄皮9818	23.1	15.4	0
绿皮9818	100	0	0
新蜜36号	46.1	15.4	7.7
西州蜜25号	100	38.5	10.3
金蜜3号	46.1	0	10.3
仙果	83.3	83.3	15.4
抗病伽师	84.6	92.3	7.7

四、生育期比较

如表4-27所示，黄皮9818、绿皮9818、西甜14号和早黄蜜等品种属早熟品种，西州蜜1号、新蜜36号和抗病伽师等品种属于晚熟品种。

表4-27　不同参试甜瓜品种生育期比较

品种名称	育苗时间（月-日）	出苗时间（月-日）	定植时间（月-日）	雌花现蕾期（月-日）	雌花着生节位	开花期（月-日）	成熟期（月-日）
早黄蜜	6-15	6-18	7-20	8-18	13	8-25	9-25
早熟黄后	6-15	6-18	7-20	8-17	13	8-25	9-28
金蜜5号	6-15	6-19	7-20	8-16	13	8-22	10-15
西甜14号	6-15	6-19	7-20	8-18	13	8-25	9-25
西甜10号	6-15	6-19	7-20	8-20	13	8-26	10-14
西州蜜1号	6-15	6-19	7-20	8-17	13	8-22	10-15
金雪莲	6-15	6-20	7-20	8-17	13	8-23	10-7
绿宝石	6-15	6-19	7-20	8-16	13	8-22	10-13
黄皮9818	6-15	6-18	7-20	8-13	13	8-18	9-22
绿皮9818	6-15	6-18	7-20	8-15	13	8-20	9-22
新蜜36号	6-15	6-20	7-20	8-19	13	8-26	10-16
西州蜜25号	6-15	6-18	7-20	8-16	13	8-21	10-12
金蜜3号	6-15	6-20	7-20	8-17	13	8-22	10-7
仙果	6-15	6-20	7-20	8-19	13	8-26	10-12
抗病伽师	6-15	6-20	7-20	8-20	13	8-27	10-20

五、定植后各性状比较

如表4-28所示，金雪莲、早黄蜜和西州蜜1号等品种的节间短，叶片小。

表4-28　不同参试甜瓜品种定植后生长性状比较

品种名称	平均株高/m	节间平均长短/cm	叶片平均长度/cm	叶片平均宽度/cm
早黄蜜	1.85	6.6	13.8	18.7
早熟黄后	1.85	6.6	22.5	28.7
金蜜5号	2.04	7.3	21.5	28
西甜14号	1.96	7	18.7	25.7

续表

品种名称	平均株高/m	节间平均长短/cm	叶片平均长度/cm	叶片平均宽度/cm
西甜10号	1.93	6.9	18.1	21.8
西州蜜1号	1.76	6.3	17.4	20.7
金雪莲	1.57	5.6	18.3	21.6
绿宝石	1.79	6.4	20.4	24.9
黄皮9818	1.84	6.6	21.3	26.4
绿皮9818	1.62	5.8	20.1	27.6
新蜜36号	1.76	6.3	19.5	23.8
西州蜜25号	1.86	6.6	19.9	25
金蜜3号	1.82	6.5	24.1	30.3
仙果	1.76	6.3	20.8	26.6
抗病伽师	1.90	6.8	19.6	24.9

六、果实性状比较

如表4-29所示，糖含量高、口感性好的品种是西甜10号、新蜜36号和西州蜜1号等，果实外观形状好的品种有早熟黄后、西甜10号、绿宝石、黄皮9818、新蜜36号和金蜜3号等品种。

表4-29　不同参试甜瓜品种果实性状比较

品种名称	果形	果皮颜色	果肉颜色	果肉厚度/cm	果实中控直径/cm	心糖/%	边糖/%
早黄蜜	圆形	橘红色	白色	4	7	18.5	14
早熟黄后	椭圆	金黄色	白色	4	6.8	15	12.5
金蜜5号	椭圆	黄色	白色	3.5	7.8	13	12
西甜14号	椭圆	金黄色	白色	4	6	16	14
西甜10号	高圆形	白色	白色	3.5	5.8	19	18
西州蜜1号	圆形	黄色	橘红色	4.5	7	18	17

续表

品种名称	果形	果皮颜色	果肉颜色	果肉厚度/cm	果实中控直径/cm	心糖/%	边糖/%
金雪莲	圆形	金黄色	白色	3.5	5	14.5	16
绿宝石	圆形	白色	白色	4	5.5	12	11.5
黄皮9818	长卵形	黄色	橘红色	3.6	6	16	14.5
绿皮9818	长卵形	灰绿	橘红色	4.5	5.5	17.5	16.2
新蜜36号	长卵形	黄底	橘红色	4.1	6	15	16
西州蜜25号	长卵形	黄色	深秸红	3.8	5.7	16.5	15
金蜜3号	椭圆	金黄色	橘红色	4.7	6	14.5	15
仙果	长卵形	黄绿色	白色	3.4	6.5	15	14
抗病伽师	长卵形	灰绿	橘红色	4.4	7.2	13	13

七、品种产量比较

如表4-30所示，折合亩均产量最高的品种有抗病伽师，折合亩产量3433.8kg；金蜜5号，折合亩产量3167.8kg；新蜜36号，折合亩产量2926.6kg；金蜜3号，折合亩产量2880.5kg；产量最低的品种是金雪莲，折合亩产量1432kg；西甜10号，折合亩产量1635.2kg。

表4-30　不同参试甜瓜品种产量的比较

品种名称	裂果率/%	最小单果质量/kg	最大单果质量/kg	小区均产/kg	小区平均果实数/个	平均单果质量/kg	折合亩产量/kg
早黄蜜	7.7	1.15	1.67	15.77	12.3	1.27	1978
早熟黄后	0	1.12	2.67	20.89	12	1.74	2643.7
金蜜5号	5.4	1.45	2.56	24.96	12.7	1.97	3167.8
西甜14号	10.5	1.16	1.70	16.91	13	1.30	2140
西甜10号	18.9	0.89	1.26	12.86	12.3	1.05	1635.2
西州蜜1号	7.8	1.14	1.86	16.07	12.3	1.31	2040.2

续表

品种名称	裂果率/%	最小单果质量/kg	最大单果质量/kg	小区均产/kg	小区平均果实数/个	平均单果质量/kg	折合亩产量/kg
金雪莲	5.4	0.704	0.98	11.35	13	0.87	1432
绿宝石	23.1	1.17	1.86	17.63	12.7	1.39	2235.1
黄皮9818	35.9	1.065	1.57	15.42	13	1.19	1958.7
绿皮9818	39.5	1.07	1.41	15.08	13	1.16	1909.4
新蜜36号	5.6	1.43	2.25	23.12	12.7	1.82	2926.6
西州蜜25号	5.3	1.23	1.94	17.05	12.3	1.39	2164.7
金蜜3号	7.6	1.27	2.803	22.81	13	1.75	2880.5
仙果	0	1.22	1.84	18.75	13	1.44	2370.2
抗病伽师	0	1.39	3.035	27.09	12	2.26	3433.8

第六节
非耕地日光温室果树品种筛选

一、日光温室桃品种筛选

（一）品种

温室桃优良品种包括油桃品种丽春、超红珠、中油4号、中油5号、千年红；蟠桃品种早露；水蜜桃品种春雪。通过连续3年对各品种在温室内的物候期、生长结果习性、果实品质等方面的观察测定，得出了各品种在设施栽培条件下的综合评价。

（二）不同品种的物候期

如表4-31所示，千年红油桃成熟最早，果实发育期最短，仅为65d；其次是蟠桃早露和油桃丽春、超红珠、中油4号、中油5号，果实发育期在70～74d；水蜜桃春雪成熟期相对较晚，果实发育期在80d左右。在南疆地区日光温室栽培条件下，引进品种一般比露地栽培提早成熟40～50d。

表4-31   不同参试温室桃品种栽培物候期

品种名称	升温日期/d	初花期/d	盛花期/d	成熟期/d	果实发育期/d
油桃					
丽春	1.08	2.19	2.27	5.08	70
超红珠	1.08	2.19	2.27	5.10	72
中油4号	1.08	2.20	2.28	5.12	73
中油5号	1.08	2.20	2.28	5.13	74
千年红	1.08	2.16	2.24	5.01	65
蟠桃					
早露	1.08	2.18	2.26	5.06	70
水蜜桃					
春雪	1.08	2.20	2.28	5.18	80

（三）生长结果及产量

早熟类型桃品种，在温室高密度栽培条件下，定植当年均能发生3～4次枝，形成树冠，这为温室桃当年成形、第2～3年丰产打下了良好的基础。各品种中以油桃丽春的树体高度最高、枝条数量最多、总生长量最大，其次为蟠桃早露、油桃中油4号；油桃超红珠、中油5号半径最大，枝条粗壮，夏季树体容易控制。

如表4-32所示，各品种在定植后第二年就能形成一定的产量，但产量表现差异较大。二年生树以中油5号坐果量最大、产量最高，平均单株坐果21.8个，株产1.8kg，折合亩产460kg；其次为丽春、超红珠，平均株产1.2～1.5kg，折合亩产在300kg以上。

表4-32　不同参试品种温室桃生长和结果情况

品种名称	二年生					三年生		
	树高/ cm	干径/ cm	单株坐果 数/个	单株产 量/kg	折合亩 产/kg	单株坐果 数/个	单株产 量/kg	折合亩 产/kg
油桃								
丽春	173	3.8	16.0	1.50	384	39.5	3.55	910
超红珠	143	4.2	12.1	1.23	315	36.8	3.50	896
中油4号	150	3.2	14.4	1.11	284	42.2	3.80	972
中油5号	134	4.0	21.8	1.80	460	37.0	3.79	970
千年红	133	3.0	16.8	0.93	238	52.6	3.16	810
蟠桃								
早露	164	3.6	12.8	1.10	282	32.1	2.70	690
水蜜桃								
春雪	130	2.6	10.4	1.00	256	27.0	2.97	760

　　三年生树以中油4号、中油5号产量最高，平均株产3.8kg左右，亩产近1000kg；超红珠、丽春平均株产也达到3.5kg及以上，亩产900kg左右。这四个品种在温室中均表现出良好的结实能力，坐果率都很高。千年红产量中等。春雪连续两年成花能力都不强，单株花芽量不大，但由于其坐果率高，所开的花基本都能够坐果，使得三年生春雪的株产也近3kg，亩产也达760kg。早露花量大，落花落果比较严重，在供试品种中产量最低，亩产也近700kg，在5月上旬上市后受消费者欢迎，其销售价格较高，比同期成熟的油桃高50%，因而栽培效益仍然很好。

（四）果实性状及品质

从连续两年对各品种果实性状及品质分析结果比较来看，除成熟较晚的春雪外，单果质量以中油4号最大，其次为中油5号、超红珠和丽春，平均果质量90~100g，属于早熟大果型品种。

如表4-33所示，中油4号、千年红、超红珠和春雪为全着色品种，油桃果面鲜红色或浓红色，果面着色达90%以上，果面光洁色泽好，商品性突出。春雪果面着色较深，呈紫红色或深红色，且表面密布短茸毛，在南疆早春容易污染果面，影响其商品外观，应采取套袋等措施，以提高果实的商品性。丽春、中油5号为白肉甜油桃，果面着色70%以上，果面光洁圆整，商品性也很好。

表4-33　不同参试品种温室桃果实性状

品种名称	单果质量/g	果肉色泽	离核性	可食率/%	可溶性固形物/%	果肉质地	硬度（×10⁵Pa）果肉	果皮	果实着色
油桃									
丽春	90	白	半粘	93.0	10.4	硬溶	13.2	15.0	浓红色
超红珠	95.4	浅黄	粘	95.4	13.6	硬溶	5.3	10.3	鲜红色
中油4号	102.4	黄	粘	94.0	10.0	硬溶	7.3	12.5	全国红
中油5号	92	乳白	粘	93.6	11.5	硬溶	10.9	14.9	近全红
千年红	56.0	橙黄	粘	91.2	10.8	硬溶	13.2	15.0	全红
蟠桃									
早露	84.1	乳白	离	96.5	12.2	软溶	7.7	11.8	覆红晕
水蜜桃									
春雪	110	白	粘	96.1	11.8	硬溶	6.2	9.3	全紫红

果实可溶性固形物含量以超红珠最高，达到13.6%，显著地高于其他品种（10%~12%），酸甜适口，风味浓郁。其次为早露、春雪和中油5号，可溶性固形物含量12%左右，其他品种完全成熟后可溶性固形物含量也达到10%以上，表现出优良的品质。

（五）不同品种综合表现与评价

本试验中7个优良的桃品种，在新疆阿克苏、喀什等地区日光温室栽培条件下，均可取得较好的产量。中油4号、中油5号在温室中结实性好，产量高，一般栽培条件下，定植第三年单产可达1000kg以上且果实较大、成熟较早、耐储运。丽春、超红珠在温室中生长较旺，成形较快，早果性好，且早熟、果面光洁色泽好、商品性突出、耐储运、货架期长。千年红成熟最早，但果形小。早露成熟早，品质优，销售快，售价高。依据市场需求、品种上市期、丰产性、品质、售价等方面综合评价，中油4号、中油5号、丽春、超红珠、早露和春雪，这6个品种在新疆阿克苏、喀什地区日光温室条件下的成花能力、结实能力、果实性状、早熟性、产量以及品质综合表现优良，适宜在该区域温室生产中推广应用。

二、日光温室葡萄品种筛选

（一）品种

设施栽培由于栽培环境可人为调节，而扩大了品种的栽培范围，但由于设施内高温、高湿的环境条件，容易引起某些病虫害的发生和发展（如白粉病、灰霉病等），因此设施栽培对葡萄品种有较严格的要求，需用耐高温、高湿及抗病力强的品种；设施内直射光较露地栽培较少，不利于品种着色，因而选择折射光就能着色的品种；设施内由于环境条件好，易引起新梢徒长，应选择长势中庸、优质、颜色鲜艳、丰产的品种。

综上选出火焰无核和红旗特早两个葡萄品种，这两个品种在温室栽培中表现出易形成花芽，早熟性好，品质优，稳产等特点，有着很好的早期市场竞争优势。

（二）物候期

如表4-34所示，火焰无核萌芽期篱架比棚架早1d；红旗特早篱架比棚架早1d。棚架葡萄在萌芽期较篱架晚，在其他各生育期生长发育速度较篱架快。两个品种的果实发育期在100～110d，品种红旗特早的果实成熟期在6月初，火焰无核的成熟期比红旗特早晚10d左右。

表4-34　日光温室不同架势参试葡萄品种物候期

品种名称	架势	萌芽期（月-日）	新梢生长期（月-日）	始花期（月-日）	盛花期（月-日）	幼果膨大期（月-日）	果实成熟期（月-日）	萌芽至果实成熟所需天数/d	萌芽至果实成熟所需积温/℃
火焰无核	篱架	02-17	02-24	03-28	04-05	04-11	06-09	112	1613.0
	棚架	02-18	02-28	03-31	04-07	04-13	06-13	111	1508.5
红旗特早	篱架	02-16	02-26	03-27	04-05	04-10	06-01	113	1477.5
	棚架	02-17	02-27	03-28	04-06	04-11	06-02	107	1465.2

（三）果实经济性状

如表4-35所示，红旗特早果粒质量在5g左右，火焰无核约为2.4～3g。不同架势的火焰无核果粒质量棚架比篱架多0.4g，红旗特早的果粒质量棚架比篱架少0.6g。火焰无核果穗质量在340～400g，红旗特早为400g左右。火焰无核篱架果穗质量棚架比篱架多55.0g，红旗特早篱架棚架比篱架多11.0g。火焰无核果实颜色均为紫红，红旗特早均为紫黑。火焰无核肉质均为脆，红旗特早均为中。

表4-35　日光温室参试葡萄主要果实性状

品种名称	架势	果粒质量/g	果穗质量/g	果实颜色	肉质
火焰无核	篱架	2.4	341	紫红	脆
	棚架	2.8	396	紫红	脆
红旗特早	篱架	5.2	394	紫黑	中
	棚架	4.6	405	紫黑	中

综合来看，这两个品种在温室内栽培成熟期较早，容易形成花芽、产量稳定、果实品质优，成熟上市后效益明显，适宜南疆日光温室种植。

第五章

非耕地日光温室果蔬栽培模式

新疆自然资源优势显著，在戈壁类非耕地发展设施果树、日光温室蔬菜有机生态型无土栽培等园艺生产中取得了一定的成效。但起步较晚，发展规模不大，尤其是非耕地日光温室有机生态型无土栽培技术的推广应用，还处于试验探索阶段，存在问题也较多，主要有瓜菜品种杂、缺乏沙漠温室瓜菜育苗技术、沙土栽培茬口多、栽培模式单一、设施果树缺乏优质高效观光品种、沙土栽培技术不成熟等。为此，集成新疆，尤其南疆地区非耕地设施主栽瓜菜、果树高产栽培模式，对发展非耕地设施农业具有重要意义。

第一节

非耕地设施蔬菜栽培模式比较试验（以新疆和田地区为例）

非耕地设施蔬菜栽培模式比较试验在和田县和谐新村沙漠中建设的新型可移动保温膜结构日光温室中进行。试验辣椒品种为新陇椒2号。采用5种不同的栽培模式，均采用膜下滴灌方式栽培，平整土地后，相距1.2m取50cm宽的种植带，膜宽70cm（表5-1），覆膜前每垄基施腐熟鸡粪0.2m³，翻地至少2遍混匀后覆膜定植，辣椒定植株行距为40cm×40cm，统一水肥管理。

表5-1 试验辣椒不同栽培模式处理

模式编号	处理	栽培准备措施
模式1	沙土，起垄	垄高20cm，垄宽40cm
模式2	沙土，平地	平地基施有机肥后翻地混匀，铺滴灌软管和地膜
模式3	沙土，下挖	垄高20cm，垄宽40cm，下挖深度30cm，宽40cm，沟底铺1层地布
模式4	沙土+椰糠，下挖	下挖深度30cm，宽40cm，沟底铺1层地布，填平后上覆10cm厚的椰糠
模式5	沙土+椰糠，槽式	沙土平地上围起高×宽为30cm×40cm的栽培槽，槽内填充沙土，上覆10cm厚的椰糠

一、不同栽培模式下土壤含水量比较

不同的栽培模式对辣椒根际土壤含水量有较大影响。下挖后铺防渗地布的栽培模式（模式3、模式4）土壤含水量显著高于不铺防渗地布（模式1、模式2）；而添加椰糠模式（模式4、模式5）土壤含水量显著高于不加椰糠（模式3），可见添加椰糠对于保持沙土水分具有重要作用。

二、不同栽培模式对土壤温度的影响

（一）新疆和田地区冬季气候概况

从气象数据库中调取了2017—2020年4年内新疆和田地区1月份的天气情况并进行统计，发现新疆和田地区1月份均以多云天气为主，4年占比51.61%、61.29%、61.29%和48.49%。2019年1月份最高温度为4℃，最低温为-9℃（图5-1）。

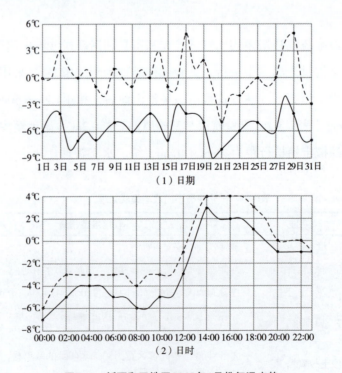

图5-1　新疆和田地区2019年1月份气温走势

（二）非耕地设施不同深度土壤温度日变化趋势

选择新疆和田地区温度相对较低的1月份的晴朗天气（1月28日），将5种栽培模式中同一土层深度的实时监测温度进行平均，以时间为横坐标，土壤温度为纵坐标绘制土壤温度日变化趋势图（图5-2）。新疆和田地区非耕地日光温室中，不同土壤深度（10cm、20cm、30cm）的温度日变化较为明显，且存在一定的差异性。一天当中（0～24时），不同深度土壤温度日变化整体呈先降后趋势，即从0时开始，土壤温度持续下降，在中午12～14时土壤温度达到最低，之后开始缓慢升高，在夜间20～22时达到最高，然后开始缓慢下降；土壤温度的整体变化幅度从大到小依次为10cm土壤、20cm土壤、30cm土壤，即10cm土壤温度变化最为剧烈；土壤深度10cm在2～12时的土壤温度（15.95，14.65，13.55，12.70，11.95，11.35℃）均低于20cm土壤和30cm土壤的温度，且在12时达到最低点，为11.35℃。土壤温度于14时以后呈逐步上升趋势，10cm土壤在14～24时的变动浮动较大，在20时温度达到最高点为18.43℃，在22～24时与20时相比温度有下降趋势，为17.85℃和16.65℃。20cm土壤的日变化趋势与10cm土壤相比浮动不大，但变化趋势浮动略高于30cm土壤，但在12时温度比10cm土壤高，为12.60℃，二者变幅相差1.25℃；但在22时温度到达最高点，为16.57℃，与10cm土壤最高点时间不同。30cm土壤与10cm土壤和20cm土壤

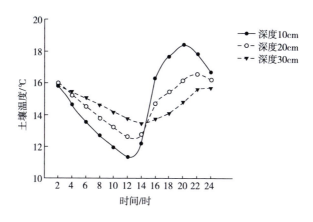

图5-2　不同深度土壤温度日变化趋势

相比，温度日变化整体趋势浮动较缓，土壤温度最低点为14点，温度为13.45℃，最高点为24点，为15.70℃，最低点和最高点与10cm土壤和20cm土壤都不同。

（三）非耕地设施不同栽培模式对土壤温度的影响

将5种不同栽培模式中同一深度（10cm、20cm和30cm）的土壤温度进行比较。由图5-3可知，5种栽培模式中不同深度土壤温度日变化趋势均为先下降后上升，其中10cm土壤温度的日变化幅度整体较大；模式1和模式5中10cm土壤、20cm土壤和30cm土壤温度日变化均较其他模式剧烈，说明起垄栽培对土壤温度影响较大；模式5在0～13时10cm土壤、20cm土壤和30cm土壤温度与其他模式相比温度最低，在1时以后温度比模式2、模式3、模式4高；5种模式中，30cm土壤温度变化趋势最为平缓，其中模式1中30cm土壤温度始终高于其他4种模式，说明模式1有利于保持深层土壤温度，较适合新疆和田地区冬季蔬菜栽培。

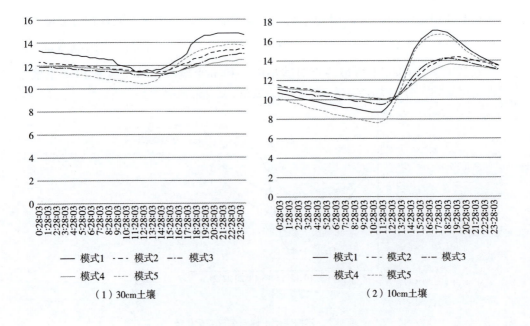

（1）30cm土壤 　　　　　　　　（2）10cm土壤

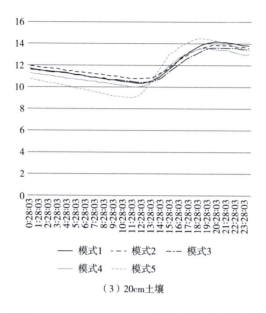

（3）20cm土壤

图5-3 非耕地设施不同栽培模式下不同深度土壤温度日变化趋势

三、非耕地设不同栽培模式对辣椒生长的影响

由表5-2可看出，模式4最有利于保持土壤含水量，含水量达到32.68%。而模式5栽培辣椒的株高、茎粗和株幅均显著高于其他栽培模式，分别为35.00cm、9.53cm和44.2cm。模式2的含水量、株高、茎粗和株幅与其他栽培模式相比最差，分别为6.77%、30.00cm、7.76cm、36.9cm。

表5-2 不同栽培模式土壤含水量及其对辣椒生长的影响

模式	含水量/%	株高/cm	株幅/cm	茎粗/mm	叶长/cm	叶宽/cm
模式1	4.78	30.93	38.33	7.86	8.83	3.80
模式2	6.77	30.00	36.90	7.76	8.13	3.63
模式3	17.42	33.50	36.73	8.02	8.20	3.63
模式4	32.68	33.33	35.37	8.29	7.30	3.30
模式5	21.92	35.00	44.20	9.53	7.97	3.87

四、结论

设施蔬菜，尤其是果菜，冬季生产对温度、水肥等环境条件要求较高，新疆和田地区非耕地日光温室冬季果菜设施栽培生产中，在做好温室保温措施的基础上，还要合理调控水肥管理，选择适合当地的栽培模式。模式5在10cm土壤和30cm土壤温度均低于模式1，仅20cm土壤温度在14～19时高于其他4种模式，其辣椒长势较其他4种模式好，说明冬季设施辣椒生长不仅与土壤温度有关，可能还与土壤水分等其他因素有关，需要进一步开展研究。

第二节
非耕地设施蔬菜标准化综合栽培模式

不同类型栽培模式、合理密植、合理的田间群体结构栽培模式、高效立体栽培模式的研究应用，充分提高了土地利用率和光热利用率，助力设施蔬菜周年生产，实现设施蔬菜栽培最大效益。探索适宜南疆三地州无土基质栽培茬口模式，一年二茬：黄瓜—番茄，番茄—豇豆，番茄—瓠子瓜，茄子—黄瓜，番茄—西葫芦，茄子—西葫芦；一年三茬：豇豆—叶菜—瓠瓜，番茄—叶菜—豇豆，黄瓜—叶菜—番茄；一年一大茬：番茄—番茄，茄子—茄子。

以经济效益为中心优化种植结构，合理安排季节茬口（表5-3）。新疆塔城地区早春茬、秋延晚、冬春茬，以番茄、辣椒、黄瓜、草莓间作套种叶菜、豇豆栽培与设施周年高效生产种植等5套设施绿色高效种植模式；喀什地区在70+50垄沟配置下（垄宽70cm，垄距50cm，垄高25cm），探索出株距在25～40cm为比较合理的田间群体配置，有利于较高产量的形成；吐鲁番市实施的温室春提早辣椒套（间）作西甜瓜多元立体栽培模式，可有效利用各种作物生长的时间差、空间差及保护地设施的优势，使温室收益达到1.45万元的最高效益；阿克苏地区推广的3种高效种植茬口模式中，冬春茬模式以番茄间作套种叶菜、豇豆为主；春提早模式以黄瓜、辣椒、番茄间作套种水萝卜、小白菜为主；秋冬茬模式以黄瓜、辣椒、番茄间作套种生菜、小白菜为主，统一规范"70+50"标准化栽培模式，使栽培模式不规范、栽培茬口混乱等问题得到有效解决，极大地提高了栽培效益。

表5-3　新疆不同地区非耕地设施蔬菜栽培模式

地区	种植模式
喀什地区	（1）越冬茬； （2）冬（早）春茬
阿克苏地区	（1）冬春茬模式：以番茄间作套种叶菜、豇豆为主； （2）春提早模式：以黄瓜、辣椒、番茄间作套种水萝卜、小白菜为主； （3）秋冬茬模式：以黄瓜、辣椒、番茄间作套种生菜、小白菜为主
吐鲁番市	（1）早春茬； （2）秋延晚茬； （3）越冬茬； （4）春提早立体种植模式
塔城地区	（1）早春茬栽培高效种植模式； （2）秋延晚栽培高效种植模式； （3）冬春茬栽培高效种植模式； （4）间作套种高效种植模式，以番茄、辣椒、黄瓜、草莓间作套种叶菜、豇豆为主； （5）设施周年生产高效种植模式

一、非耕地设施蔬菜立体高效栽培模式

（一）日光温室辣椒/甘蓝/生菜—菜豆立体高效栽培模式

新疆日光温室发展至今，已经普及全疆，各地紧紧围绕提高效益和增加农民收入，不断提高栽培技术，不断丰富栽培模式。其中，高效立体栽培，在温室内进行间作套种，可以更有效地提高单位面积产量和效益，提高土地利用率和生产效率。各地因地制宜地进行了多种间作套种模式的摸索，如新疆阿克苏

地区和吐鲁番地区日光温室冬春茬辣椒套种甘蓝、生菜、菜豆或西瓜就是很好的高效栽培模式。

1. 栽培季节与茬口配置

日光温室冬春茬辣椒套种甘蓝、生菜、菜豆立体栽培模式，前茬为秋延迟芹菜，芹菜收获后起垄定植甘蓝，甘蓝定植在垄上中间位置，之后定植辣椒和生菜，辣椒定植于垄上两侧，生菜定植于垄两侧斜坡面，甘蓝收获后在两行辣椒中间定植菜豆或西瓜。

2. 几种蔬菜的栽培要点

（1）甘蓝。

栽培季节：套种甘蓝一般10月底育苗，苗龄60d左右，12月底到次年1月初定植，定植后50～60d即可采收。

品种选择：冬春栽培的甘蓝，作为套种不能影响辣椒的生长，要选择早熟品种，如中甘11号、报春、8398等都是早熟品种，比较适合于冬春栽培。

育苗：甘蓝冬春栽培需要保护地育苗，一般在10月底播种，撒播，播种量30～40g/亩，采取平畦地育苗，搭建小拱棚。当幼苗有1～2片真叶时，分苗至营养钵或营养袋内，整齐摆放于育苗畦，密闭塑料小拱棚，保湿保温促进缓苗。缓苗后定植前，保持小拱棚内白天20～25℃，夜间16～24℃，湿度80%以上。幼苗4～5片真叶即可定植。

整地做畦：前茬收获后翻地25～30cm，每亩施磷酸二铵50kg，硫酸钾30kg，过磷酸钙100kg，油渣100kg，整细耙平，起垄栽培，垄高30～35cm，垄宽75cm，垄距45cm，地膜覆盖垄上。

定植：甘蓝定植于垄上中间位置，株距35cm，每亩定植1500～2000株。

田间管理：定植时每株浇定植水1kg左右，大约3～5d浇缓苗水一次，之后控水8～10d进行蹲苗，蹲苗结束结合浇水每亩施尿素5～7kg，促苗早发。结球期保持土壤湿润。

（2）辣椒。

栽培季节：冬春辣椒育苗，苗期的大部分时间处于寒冷季节，生长缓慢，一般10月中下旬育苗，苗龄100d左右，到次年1月中旬定植，3月份进入始收期。

品种选择：选择耐低温寡照，抗病丰产，结果相对集中的辣椒品种，同时要符合当地的消费习惯，如猪大肠、海丰8号等品种都比较适宜。

育苗：冬春栽培辣椒一般10月中下旬育苗，其苗期基本都在冬季，采取日光温室+小拱棚双膜覆盖的方式，可以得育苗，2叶1心时分苗至营养钵，也可以直接用营养钵育苗，有条件的可以采取电热温床育苗，保证辣椒苗深冬季节安全稳健生长。幼苗有7~8片真叶即可定植。

定植：辣椒苗龄90~100d，大约在次年1月中旬，甘蓝定植后15d左右即可定植。按照定植甘蓝时所起垄行间距，在垄上甘蓝两侧定植辣椒，由于间套甘蓝、生菜、菜豆等，密度过大会造成田间蔬菜过于荫蔽，辣椒一般采取株距30cm，双行单株定植，每亩保苗3000~4000株。

田间管理：辣椒定植时每株浇定植水1kg左右，缓苗后配合甘蓝浇莲座期发棵水，浇缓苗水一次，之后控水蹲苗。此时甘蓝进入结球期，辣椒和甘蓝互生遮阴，保持土壤湿润不干，既有利于甘蓝结球，也有利于辣椒稳健生长。待辣椒门椒坐成，甘蓝即可采收，此时浇水一次，配合浇水每亩施硫酸钾型复合肥15~20kg，促进辣椒开花结果。辣椒定植后注意浇水方式，以小水勤浇为主，每次水量达到沟深的1/3处即可，切忌浇水漫根，严防辣椒疫病等土传病害的蔓延。

（3）叶用莴苣（生菜）。

栽培季节：生菜是叶用莴苣的俗称，栽培上常使用皱叶品种，生长时间相对较短，生育期50~60d即可采收，比较灵活，是蔬菜间作套种很好的搭配品种，具有"短平快"的特点。冬春季节与辣椒套种一般在甘蓝定植时，即12月底1月初开始育苗，苗龄25d左右，1月底2月初定植，几乎与甘蓝同期采收，利于辣椒的生长和后期菜豆的定植。

品种选择：叶用莴苣（生菜）包括三个变种：长叶莴苣、皱叶莴苣、结球莴苣。这三种莴苣在温室都有栽培，但以皱叶莴苣栽培较多，如软尾生菜、玻璃脆生菜、鸡冠生菜等。

育苗：生菜地栽培一般采取育苗移栽，温室内小拱棚育苗，可以干籽直播，也可浸种催芽播种，用20℃清水浸泡3~4h，捞出后用纱布包好，放在18~20℃处催芽，每天用凉水冲洗一次，70%露白即可播种。生菜种子细小，播种床要精细整地，有条件的可采取穴盘育苗，苗床用种量3~5g/亩，苗龄25~35d，有4叶1心时即可定植。

定植：套种生菜定植在垄两侧斜坡面，膜上打孔单株定植，株距25~35cm，每亩定植3000~4000株，定植时尽量带土坨，穴盘育苗直接将基质块埋入定植穴。生菜定植时，辣椒和甘蓝正处于旺盛生长期，注意不要碰伤植株。

田间管理：生菜与冬春辣椒、甘蓝的套作栽培管理相对简单，定植后每株浇定植水1kg左右，缓苗后结合辣椒头水浇缓苗水一次。定植后50~60d即可采收，如果成熟期不一致可以分次采收。

（4）菜豆。

栽培季节：菜豆又称四季豆、芸豆，分为矮生型和蔓生型，温室冬春茬套种一般选择蔓生型菜豆，与辣椒形成立体栽培。甘蓝收获后在原来位置直接点播菜豆，菜豆与辣椒同时生长，共同利用温室空间，互生互利。

品种选择：与辣椒套种菜豆品种宜选择蔓生型品种，抗病高产，开花坐果能力强，荚长质优的品种更适合于温室套种，如白丰、超长四季豆、芸丰、老来少等。

栽培管理要点：冬春茬辣椒套种菜豆，菜豆作为副茬栽培，栽培管理技术相对简单。一般在甘蓝收获后干籽直播菜豆，穴距1m，每穴4~5粒种子。菜豆长到4~6片叶时，节间伸长开始抽蔓，要吊绳引蔓，4~5棵菜豆互相缠绕生长。菜豆开花后15d左右，豆荚可基本长足，要及时采收。

（二）日光温室番茄矮密早高产栽培模式

温室栽培番茄，密度是取得高产的重要因素，特别是春提早栽培合理的田间群体结构，既能提高产量又能提早上市，但多年来在生产上不管什么茬口都采用一样的定植密度，在很大程度上影响了产量，针对春提早栽培进行密度试验，探索该茬口模式下合理的高产群体结构，以便更好地指导生产。

1. 模式类型

定植模式全部采用"70+50"模式，即垄宽70cm，垄距50cm，垄高25cm，垄上覆盖地膜双行单株定植，通过改变株距决定密度。共设四个模式处理：模式1，株距25cm；模式2，株距30cm；模式3，株距35cm；模式4，株距40cm，每个处理模式设重复3次，随机排列，管理同大田。

2. 植株生长发育性状

如表5-4所示，4个模式的番茄株高、茎粗、幅宽表现为模式1＜模式2＜模式3＜模式4，表明在较小密度下植株的生长更加旺盛，第一果穗节位高相差不大，由于打顶时间一样，主茎叶片数相差不大。

表5-4　4个模式下番茄植株生长发育性状

模式	株高/cm	茎粗/cm	幅宽/cm	第一果穗节位高/cm	叶片数/片	叶色
模式1	122.6	0.961	52	29.5	20.8	深绿
模式2	122.9	1.042	51.5	28.5	20.8	深绿
模式3	125.9	1.058	53.9	29.3	21.3	深绿
模式4	126.4	1.102	54.7	28.8	21.3	深绿

3. 产量性状

如表5-5所示，测产所得理论产量，单株果数、单果质量表现为模式1＜模式2＜模式3＜模式4，说明较小密度下通风透光好，有利于果实发育生长，但存在较大差异密度下，其理论产量相差并不大，由此说明，在行距相同情况下，株距在25～40cm均为比较合理的密度配置。

4. 果实品质性状

如表5-6所示，4种模式的果实品质没有较大差异，果形指数和可溶性糖含量差异不大，只有畸形果率差异较大，高密度情况下畸形果率也较高。

表5-5   4种模式下番茄植株产量性状

模式	单株果穗数/穗	单株果数/个	单果质量/g	亩株数/（株/亩）	理论单产/（kg/亩）
模式1	5.17	13.80	142.99	4000	7893.05
模式2	5.7	15.97	148.69	3500	8311.03
模式3	5.6	17.53	159.93	3000	8410.72
模式4	5.8	18.57	169.21	2500	7855.57

表5-6   4种模式下番茄果实性状

模式	果实纵径/cm	果实横径/cm	果形指数	可溶性糖含量/%	畸形果率/%
模式1	5.34	6.98	0.76	6.43	10.0
模式2	4.88	7.02	0.70	6.43	8.5
模式3	5.03	7.14	0.70	6.67	7.5
模式4	5.11	7.37	0.69	6.1	3.67

5. 结论

4个不同密度的处理模式表现为植株生长发育性状差异较大，产量性状和品质性状差异不大。

二、非耕地设施果树密植栽培模式

设施桃树为了获得早果丰产，一般采用高密度栽培方式。但在设施栽培条件下，生长空间受到了限制，且设施高温、高湿、弱光照的环境，容易导致树体旺长，影响花芽分化，这对温室桃树整形修剪提出了新要求。因此研究新疆地区南疆日光温室桃树整形修剪及树形配置，以期充分利用温室空间，提高产量和效益。

以丽春、中油5号为主栽品种，早春栽植，株行距1.3m×2.0m。按照温室南低北高的特点，采取开心形和主干形相结合的整形方式，南面配置开心形，中部和北面配置主干形。定植后第三年树体成形，在温室内随机选取主干形和开心形桃树定株调查树体生长、树冠结构及结果量，并采用光温湿自动记录仪测定不同树形的各个方向上不同冠层高度的光照、温度、湿度，计算不同树形各冠层的透光率：透光率（%）=该处光照度/树冠上部的总光照度×100%。

由表5-7可看出，两种整形方式对温室桃幼树的干径和树冠大小无明显影响。但主干形树体的高度、永久性主枝数量明显高于开心形，单株果枝数量也比开心形多。从两种树形枝条分布情况来看，主干形树冠较为疏松，枝条密度较小；而开心形的枝条主要分布在1.0~1.2m的冠层范围内，枝条较为密集。从翌年单株坐果数来看，由于主干形树体高，占有的空间大，单株果枝数量多，其单株坐果量也明显高于开心形。

表5-7 不同整形方式下温室三年生桃树体生长及树冠结构

树形	树高/cm	干径/mm	冠径/cm	永久性主枝数量	单株果枝数量	翌年单株坐果数
主干形	230	53.5	175×150	11.5	82	95
开心形	180	46.8	160×155	7.8	68	82

温室桃不同树形各冠层的光照分布差异较大，树冠的透光率和光照情况与树形、天气情况有密切的关系。在晴天，温室桃树开心形树形各冠层的光照和透光率，均要好于主干形，光照度都在20klx以上，透光率在40%以上。即使主干形，1m以上冠层中的透光率也都达到了40%，50cm冠层中的透光率也达到20%以上。但在阴天，两种不同树形各冠层的透光率，与晴天正好相反，主干形各冠层的透光率明显高于开心形，50cm冠层中的透光率也达到30%以上。

在连续阴天的情况下，尽可能地增加树冠内的光照，显得十分重要。因此，日光温室桃树的整形应根据温室空间的大小，采取主干形与开心形相结合，以改善冠层中下部的光照，并充分利用温室有效空间。如图5-4和图5-5所示，在树形配置上，温室前部空间小，宜采用"两主枝开心形"或"三主枝开心形"；中后部空间大，宜采用"主干形"，以充分利用温室有效空间，增加营养面积和结果层次，提高产量。

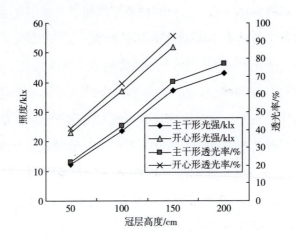

图5-4 晴天不同树形各冠层的光照

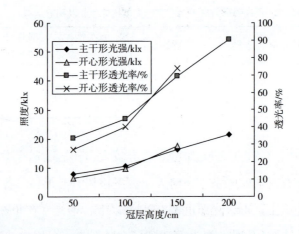

图5-5 阴天不同树形各冠层的光照

三、非耕地设施食用菌阴阳棚栽培模式

（一）阴阳棚通风设施改造

通过利用阳棚后墙搭建阴棚，有效提高土地利用率40%以上。在阴棚前端地面砌80cm的前墙，在墙面每间隔2m留一直径20cm的通风洞，相对应在后

墙顶部开洞，安装直径15cm的聚氯乙烯（PVC）管，聚氯乙烯（PVC）管伸出棚顶1m，棚内聚氯乙烯（PVC）管距地面80cm，端口连接弯头，弯头直对阴棚前墙通风洞。经过通风设施改造后的阴棚栽培食用菌，夏季可延长出菇时间，冬季可降低煤耗，而且在阳棚能够栽培的食用菌品种在阴棚同样可以栽培。

（二）雾化微喷技术

雾化微喷系统（图5-6和图5-7），在菇棚棚顶内安装两条雾化微喷管道，在每条雾化微喷管道上每间隔2m安装1个雾化喷头，每个喷头可以覆盖16m²，以水泵为动力，需要喷水时，接通电源，启动水泵，在1min内即可完成1个大棚的喷水工作，工作效率极高，从根本上解决了困扰菇棚打水的难题。

图5-6　雾化微喷效果图　　　　　　　图5-7　雾化微喷系统管道连接

（三）双孢菇阴阳棚栽培模式

双孢菇阴阳棚栽培于2020年11月开始，有品种5个（W2000、W192、AS2796、川1和川2）。

双孢菇栽培试验配方（按100m²计算）（表5-8）：棉籽壳2000kg，牛粪1750kg，尿素40kg，碳酸钙20kg，过磷酸钙50kg，油渣20kg，石膏50kg，用石灰调节pH 7～8，培养料按常规建堆发酵，2020年11月11日培养料进棚，11月12日播种。后期正常管理出菇。

表5-8　双孢菇阴棚监测数据结果

监测时间	阴棚					室外				
	温度/℃			二氧化碳		温度/℃			二氧化碳	
	内	中	外	CO_2	温度	内	中	外	CO_2	温度
11:00—12:00	24.5	24	25	518cm³/m³	23.4	24.1	25	23	331cm³/m³	22.3
14:30—15:30	25	24	25.5	443cm³/m³	24.7	22	24	22	200cm³/m³	25
18:00—19:00	23	21.8	24	438cm³/m³	22.4	20	18.5	20.5	300cm³/m³	20.3

阴棚内温度和CO_2浓度监测结果显示：阴棚温度变化幅度不大，温差2.5℃左右，室外温差6.5℃左右。阴棚CO_2浓度整体偏高，对出菇有一定影响。阳棚由于正值香菇出菇期，室内喷水量较大，温度相对较低。与室外相比，阳棚内CO_2浓度较高。

（四）平菇阴阳棚栽培模式

1. 生长速率

如表5-9所示，各平菇品种间菌丝生长速度具有一定差异性，其中苏引6号日均生长速率（长速）最快为0.98cm，伏夏、2026、新黑和8801等品种长速次之，黑美、8129和708等品种长速最慢。

表5-9　平菇在棉籽壳培养基中生长速率的比较结果

品种	生长速率/（cm/d）	品种	生长速率/（cm/d）
苏引6号	0.98	双抗黑平	0.60
伏夏	0.90	双耐	0.59
2026	0.89	杂优	0.59
新黑	0.88	109	0.57

续表

品种	生长速率/（cm/d）	品种	生长速率/（cm/d）
8801	0.87	黑丰90	0.56
1012	0.82	999	0.54
816	0.72	广1	0.51
615	0.67	灰美2号	0.49
科黑	0.65	黑美	0.47
3912	0.63	8129	0.43
黑平8号	0.63	708	0.38

2. 产量

如表5-10所示，平菇阴棚适应性品种7个：2026、615、双抗黑平、999、灰美2号、黑美、黑美和708，其中615和灰美2号阴棚转化率表现最佳，建议做当家品种。

表5-10　平菇阴棚产量的比较结果

品种	袋数	总产/g	单产/（g/袋）	转化率/%	品种	袋数	总产/g	单产/（g/袋）	转化率/%
苏引6号	13	4900	376.9	34.3	双抗黑平	10	5100.7	510.1	46.4
伏夏	10	4400	440.0	40.0	双耐	13	5400	415.4	37.8
2026	9	4500	500.0	45.5	杂优	15	7000	466.7	42.4
新黑	7	2500	357.1	32.5	109	4	1900	475.0	43.2
8801	10	4100.6	410.1	37.3	黑丰90	10	3990	399.0	36.3
1012	10	2000	200.0	18.2	999	14	7100	507.1	46.1
816	11	4000	363.6	33.1	广1	10	4700	470.0	42.7
615	8	4700	587.5	53.4	灰美2号	14	8600	614.3	55.8
科黑	12	5300	441.7	40.2	黑美	14	7000	500.0	45.5
3912	9	4100	455.6	41.4	8129	12	5900	491.7	44.7
黑平8号	5	1500	300.0	27.3	708	5	2500	500.0	45.5

第六章

非耕地日光温室蔬菜与瓜类穴盘育苗技术

对设施农业而言，育苗不但能节省土地、培育壮苗，而且在设施作物的周年茬口调配上更具有意义。根据近年来新疆设施蔬菜、果树、瓜类等育苗存在的问题，结合设施农业发展现状，提出并提倡设施果蔬绿色工厂化育苗。工厂化育苗主要以穴盘育苗为主，在育苗过程中采取了苗期环境调控、肥水管理、苗期病虫害综合防治等技术管理措施，利用精量播种流水线，并严格按照育苗技术规程进行严格的穴盘育苗，在生产各阶段优化设施内的环境控制参数，集中统一培育壮苗，提升种苗生产水平，保证了集中育苗工作的顺利进行和保质保量完成。

育苗方式上根据不同茬口和不同作物采取不同的育苗方式。早春茬育苗采取地热线温床育苗技术；秋延后，冬春茬育苗采取遮阴育苗技术；番茄、辣椒、茄子采取穴盘基质育苗；黄瓜、甜瓜、西瓜、西葫芦采取营养钵育苗方式。为达到绿色育苗标准，减少苗期病害发生率和农药使用率，首先严格把握品种选用工作，积极选用了优良抗病品种；其次对育苗场所、育苗设备和种子进行了彻底的消毒处理；然后加强温棚环境调控和苗期肥水管理措施、苗期病虫害综合防治等技术管理措施，给幼苗提供给最佳的生长条件，促进健康生长，提高抗病力，有效减少了病虫害发生率和农药使用量；最后采取物理、生物防治为主，化学防治为辅的防治措施，注意早发现早防治，大大减少或基本避免了苗期使用化学农药。

第一节
非耕地设施蔬菜工厂化育苗技术

一、非耕地日光温室番茄育苗技术

（一）品种的分类

以番茄为例，按其生长习性可分为：无限生长型、有限生长型和半有限生长型；按果实大小可分为：大果番茄、串番茄和樱桃番茄；按品种熟性可分为：早熟、中熟和晚熟；按果实颜色可分为：大红、粉红、金黄、橙黄、咖啡色、绿色等。日光温室栽培的番茄主要是无限生长型、大果、大红或粉红番茄。

（二）种子处理

晒种：将种子摊开在报纸或棉布上，放于背风向阳处晒种1～2h，以完成后熟，提高发芽率和发芽势。

浸种：包括温烫浸种和药剂浸种，将晒好的种子放入55℃温水中，搅拌至水温30℃，继续浸泡4～6h，再放入10%磷酸三钠溶液中浸泡10～15min，种子与药液体积比1∶3，捞出洗净。

催芽：将浸种后的种子用吸水纱（棉）布包好，放于25～30℃处催芽；种子量大可放于托盘，上下铺盖吸水棉布，放在恒温箱中。70%露白即可播种。

（三）苗床准备

取土：取近2~3年没种过茄果类蔬菜的菜园土，摊晒粉碎，过筛以备用。

营养土配制：园土与腐熟有机肥，以6∶4或7∶3的质量比例均匀混合，同时加入磷酸二铵1~2kg，50%多菌灵50～100g，40%辛硫磷50～100g，化水均匀混洒于营养土中，过筛，堆闷1～2d。

造床：选择地势高燥，通风向阳，灌排方便的地方做苗床，宽1.2～1.5m，长7～8m，南北向；营养钵育苗的，可选9cm×10cm或10cm×10cm的大钵，穴盘可选50穴或72穴塑盘，装满营养土，整齐摆放于平整的苗床上，浇透水，以备播种。

（四）播种

日光温室栽培番茄，一般秋延迟6月底7月初，冬春茬11月底12月初播种；育地苗多采用撒播，用种量每亩20～30g，营养钵、穴盘采用点播，用种量每亩15～20g，以发芽先后分批播。营养土采取上覆下垫，即苗床明水下去后，先铺0.5～1.0cm，播种后，再覆盖1.0～1.5cm。

（五）苗床管理

温度管理：夏季育苗搭建小拱棚，合理覆盖遮阳网，集中育苗可温室整体覆盖遮阳网，预防高温；冬季育苗采取小拱棚+温室双膜或小拱棚+中棚+温室三膜覆盖，增温保温。

水肥管理：番茄苗期一般不用浇水施肥，子叶出土后，根据苗情和土壤墒情可酌量喷水，掌握"宁干勿湿、控水不控温"，严防徒长，可于苗床中后期叶面喷洒0.2%磷酸二氢钾和0.2%尿素混合液1～2次。

（六）苗期病虫害防治

苗期主要虫害有蚜虫、斑潜蝇、白粉虱、蝼蛄等，主要病害有猝倒病、立枯病、疫病、病毒病等。防治方法如下。

蚜虫、白粉虱：用10%吡虫啉可湿性粉剂2000～3000倍液或40%扑虱灵可湿性粉剂800～1000倍液喷雾2～3次；

斑潜蝇：用25%斑潜净乳剂2000～3000倍液或1.8%爱福丁乳油3000～4000倍液喷雾2～3次；

蝼蛄：用麸皮拌少许90%敌百虫围撒苗床四周；

猝倒病、立枯病：用40%普力克水剂1000～1500倍液或50%多菌灵可湿性粉剂800～1000倍液喷雾2～3次，或50%多菌灵拌土撒于苗床。

疫病：用50%甲霜灵可湿性粉剂500～800倍液或70%代森锰锌600～800倍液喷雾2～3次。

病毒病：在杀灭蚜虫的基础上，用25%病毒克1000～1500倍液或1.5%植病灵Ⅱ2000～3000倍液喷雾2～3次。

二、非耕地日光温室黄瓜育苗技术

（一）品种选择

以黄瓜（和南瓜）为例，选择适宜于当地环境和消费习惯的优良品种，不同的栽培茬口对品种的要求也稍有差异。目前日光温室栽培的黄瓜品种主要有津优30、博耐13号、中农13号、冬棚王1号、中农21、山农5号等，砧木一般选黑（白）籽南瓜。

（二）种子处理

1. 黄瓜种子处理

晒种1d，用10%磷酸三钠或1%福尔马林溶液浸泡10~15min，清水洗净。放入55℃温水中，搅拌至水温30℃，继续浸泡4~6h，捞出后用吸水纱布包好，放于25~28℃处催芽1~2d，芽长0.2~0.4cm即可播种。

2. 南瓜种子处理

晒种2~3d，浸种10~12h，其他方法同黄瓜种子处理。

（三）苗床准备

1. 取土

取近2~3年没种过瓜类蔬菜的菜园土，摊晒粉碎，过筛以备用。

2. 营养土配制

园土与腐熟有机肥，以6∶4或7∶3的质量比例均匀混合，同时加入磷酸二铵1~2kg，50%多菌灵50~100g，40%辛硫磷50~100g，化水均匀混洒于营养土中，过筛，堆闷1~2d。

3. 造床

选择地势高燥，通风向阳，灌排方便的地方做苗床。宽1.2~1.5m，长7~8m，南北向，营养钵育苗的，可选9cm×10cm或10cm×10cm的大钵，穴盘可选50穴塑盘，装满营养土（基质），整齐摆放于平整的苗床上，浇透水，以备播种。一般准备接穗、砧木和嫁接苗3种苗床。

（四）播种

黄瓜育苗一般采用点播，用种量每亩150~200g，相应的南瓜种子量每亩

1250～1500g。地育苗5cm见方点播，营养钵、穴盘每钵（穴）1粒，以发芽先后分批播，播深1.0～1.5cm。黄瓜播种5d后，播种砧木南瓜。

（五）苗床管理

1. 温度管理

夏季育苗搭建小拱棚，合理覆盖遮阳网，集中育苗可温室整体覆盖遮阳网，预防高温；冬季育苗采取小拱棚+温室双膜覆盖，增温保温。

2. 水肥管理

苗期一般不用浇水施肥，子叶出土后，根据苗情和土壤墒情可酌量喷水，掌握"宁干勿湿"，严防徒长，可于苗床中后期叶面喷洒0.2%磷酸二氢钾和0.2%尿素混合液1～2次。

（六）嫁接技术

1. 嫁接时间

当砧木南瓜2片子叶展开，黄瓜破心时，即可嫁接。

2. 嫁接方法（靠接法）

用竹签将南瓜生长点从子叶处去掉，在南瓜生长点下0.5cm处用刀片向下切约1/2茎粗的斜口。黄瓜是将生长点下1.5cm处向上切2/3茎粗的斜口。黄瓜、南瓜切口的斜面长度约1cm。将二者切口对插吻合，用嫁接夹在接口处，再向营养钵内放些床土，将黄瓜根系盖上并浇足水，进入嫁接后期管理。10d后用刀片段去黄瓜根，去掉夹子。

3. 嫁接后的管理技术

嫁接后浇透水，叶面喷洒800倍液75%百菌清溶液防病。扣小拱棚密封，头3天空气湿度要达到饱和，即扣棚第二天膜上有水滴。头3天不见光，第4天可早晚各见光1h，第5天各见2h，第6天各见光3h，第7天就可全见光了。这时要将南瓜子叶上未去干净的侧芽去掉。期间白天温度达到25～30℃，夜间15～20℃。

（七）病虫害防治

1. 病虫害主要类型

主要虫害有蚜虫、斑潜蝇等，主要病害有猝倒病、立枯病等。

2. 防治方法

蚜虫：用10%吡虫啉可湿性粉剂2000～3000倍液或40%扑虱灵可湿性粉剂800～1000倍液喷雾2～3次；

斑潜蝇：用25%斑潜净乳剂2000～3000倍液或1.8%爱福丁乳油3000～4000倍液喷雾2～3次；

猝倒病、立枯病：用40%普力克水剂1000～1500倍液或50%多菌灵可湿性粉剂800～1000倍液喷雾2～3次，或50%多菌灵拌土撒于苗床。

三、非耕地日光温室辣椒育苗技术

（一）品种选择

以辣椒为例选择适宜于当地环境和消费习惯的优良品种，是温室辣椒取得高产高效的基础。新疆比较喜欢味辣的品种，甜椒在新疆也有很好的消费市场。目前温室栽培的辣椒品种主要有海丰8号、猪大肠、新椒3、6号、津椒3号、洛椒4号、陇椒1、2号、中椒6号等。

（二）种子处理

晒种：将种子摊开在报纸或棉布上，放于背风向阳处晒种1～2h，以完成后熟，提高发芽率和发芽势。

浸种：将晒好的种子放入55℃温水中，搅拌至水温30℃，继续浸泡4～8h，再放入10%磷酸三钠溶液中浸泡10～15min，捞出洗净。

催芽：将浸种后的种子用吸水纱布包好，放于28～30℃处催芽；种子量大可放于托盘，下铺吸水棉布，放在恒温箱中。70%露白即可播种。

（三）苗床准备

取土：取近2~3年没种过茄果类蔬菜的菜园土，摊晒粉碎，过筛以备用。

营养土配制：园土与腐熟有机肥，以6∶4或7∶3的质量比例均匀混合，同时加入磷酸二铵1~2kg，50%多菌灵50~100g，40%辛硫磷50~100g，化水均匀混洒于营养土中，过筛，堆闷1~2d。

造床：选择地势高燥，通风向阳，灌排方便的地方做苗床，宽1.2~1.5m，长7~8m，南北向；营养钵育苗的，可选9cm×10cm或10cm×10cm的大钵，穴盘可选50穴或72穴塑盘，装满营养土，整齐摆放于平整的苗床上，浇透水，以备播种。

（四）播种

日光温室栽培辣椒，地育苗多采用撒播或条播，用种量每亩80~100g，营养钵、穴盘采用点播，用种量每亩45~50g，以发芽先后分批播。营养土采取上覆下垫，即苗床明水下去后，先铺0.5~0.8cm，播种后，再覆盖0.5~1.0cm。

（五）苗床管理

1.温度管理

夏季育苗搭建小拱棚，合理覆盖遮阳网，集中育苗可温室整体覆盖遮阳网，预防高温；冬季育苗采取小拱棚+温室双膜或小拱棚+中棚+温室三膜覆盖，增温保温。

2.从水肥管理

辣椒苗期一般不用浇水施肥，子叶出土后，根据苗情和土壤墒情可酌量喷水，掌握"宁干勿湿"，严防徒长，可于苗床中后期叶面喷洒0.2%磷酸二氢钾和0.2%尿素混合液1~2次。

3.病虫害防治

苗期主要虫害有蚜虫、斑潜蝇、白粉虱、蝼蛄等，主要病害有猝倒病、立枯病、疫病、病毒病等。防治方法如下。

蚜虫、白粉虱：用10%吡虫啉可湿性粉剂2000～3000倍液或40%扑虱灵可湿性粉剂800～1000倍液喷雾2～3次；

斑潜蝇：用25%斑潜净乳剂2000～3000倍液或1.8%爱福丁乳油3000～4000倍液喷雾2～3次；

蝼蛄：用麸皮拌少许90%敌百虫围撒苗床四周；

猝倒病、立枯病：用40%普力克水剂1000～1500倍液或50%多菌灵可湿性粉剂800～1000倍液喷雾2～3次，或50%多菌灵拌土撒于苗床。

疫病：用50%甲霜灵可湿性粉剂500～800倍液或70%代森锰锌600～800倍液喷雾2～3次。

病毒病：在杀灭蚜虫的基础上，用25%病毒克1000～1500倍液或1.5%植病灵Ⅱ2000～3000倍液喷雾2～3次。

（六）壮苗标准

温室辣椒苗龄一般夏季50～60d，冬季80～100d，株高18～20cm，叶片肥厚，叶色浓绿，茎秆粗壮，根系发达，不徒长，无病虫害，中熟品种7～9片叶，现大花蕾。

四、非耕地日光温室茄子育苗技术

（一）育苗前的准备工作

1. 搭建育苗拱棚

选择通风良好的地块做育苗床搭建拱棚。拱棚上先覆盖60目的防虫网，防止烟粉虱等病虫危害。覆盖60%的遮阳网遮光，降低育苗拱棚内空间温度。

2. 育苗畦准备

做宽1～1.2m，深10cm苗床，苗床上摆放装好育苗基质的穴盘，播种前将苗床和穴盘浇透水。

（二）播种

1. 品种选择

选用耐低温弱光、抗病性强、果实发育快、适应性强、常量高、品质好的品种，如快圆茄、济杂长茄等。

2. 种子处理

浸种：把种子放入洁净的容器中，缓缓倒入50～55℃温水（水量为种子体积的5倍），随倒水随搅拌，待水温降到25～30℃时，停止搅拌，再浸泡8～10h即可。

催芽：将浸泡过的种子，搓去皮上的黏液，然后用湿纱布包裹放在25～30℃的温度条件下催芽，在催芽过程中种子要经常翻动、搓洗，每天保证1～2次，大部分种子露白后即可播种。

（三）播种

播种时间：8月中旬。

播种：使用穴盘育苗，每穴播一粒种子，播后覆1cm厚育苗基质，覆土后再盖一层遮阳网降温保湿，3～5d出苗后，逐渐撤去遮阳网。

（四）苗期管理

1. 温湿度管理

浇足底水。播种前首先要将苗床和穴盘浇透水。苗出齐后，中午高温期，覆盖遮阳网降温保湿，其他时间揭放遮阳网，控制灌水次数，根据土壤墒情选晴天上午进行补水；2～3片真叶时，逐渐缩短覆盖遮阳网时间，适时补水；定植前7～10d进行高温抗旱锻炼，定植前，浇足底水。

2. 施肥管理

2～3片真叶时，追施叶面肥，喷施0.2%～0.3%磷酸二氢钾，10～15d后再喷施一次。

3. 断根处理

2～3片真叶后，断根蹲苗，防止徒长，整个苗期根据苗子长势断根2～3次。

（五）定植

茄子夏季高温育苗，一般9月中下旬即可定植，苗龄30～40d。

第二节
非耕地设施蔬菜与瓜类嫁接育苗技术

一、黄瓜嫁接育苗技术

（一）品种选择

1. 砧木品种的选择

砧木应选择与黄瓜嫁接亲和力、共生亲和力强，抗病性强的砧木品种。适宜的砧木品种有黑籽南瓜等。

2. 黄瓜品种的选择

选择比较耐低温弱光，并且植株长势旺而不易徒长，产量高，抗病能力较强的黄瓜品种。当前普遍采用的品种有津春3号、中农13号、津优2号、津绿3号、长春密刺等。

（二）嫁接苗的培育

1. 种子处理

黄瓜采用常规方法浸种催芽，即先在清洁的小盆中装入种子体积4～5倍的55℃温水，投入种子，用木条搅拌，并保持55℃恒温15min，然后加冷水至30℃停止搅拌，继续浸泡4～6h，当切开种子不见干心时说明种子已经充分吸胀，即可出水，出水后要搓掉种皮上黏液，多次用清水投洗，然后用湿布包起来，放在大碗或小盆里，上口盖上湿毛巾。在28~30℃条件下，12h胚根即可露出种皮。黄瓜种子发芽属于好暗性，应放在背光处进行，自然光照对其有一定的阻碍作用，但是不影响发芽势。

南瓜播种前须认真处理，即先用洗衣粉水搓洗至种皮无黏液，然后在55℃的温水中浸种，以提高种子发芽率。在不断搅拌的情况下，维持55℃的水温浸种15min（水温不够时加入开水补温），待水温降至30~40℃时继续浸种8~12h，再用温水淘洗几次。将种子捞出后摊开，于阴凉干燥处晾种14~18h，然后用干净的湿毛巾包起来置于30~32℃处催芽。

2.播种

黄瓜采用靠接法嫁接的，黄瓜要比黑籽南瓜早播5~7d，砧木和西瓜均采用密集撒播法播种，即用营养土做畦，畦面宽1~1.2m，畦面要整平、整细，浇透水，浇水后，向畦面均匀撒盖一层营养土或沙子，以刚好盖上畦面为宜，水渗湿表土后开始播种。种子间距2~3cm，种子平放，芽尖朝下。然后把苗床均匀覆盖覆土约1cm厚，播种后，覆盖地膜保温、保湿。砧木也可以采用营养钵直播法播种。

黄瓜采用插接法嫁接的，黄瓜要比南瓜迟播3~4d，砧木采用营养钵直播法播种，每个营养袋播1粒种子，种子平放，芽尖朝下，覆营养土用手轻轻镇压，保证播种深度为1~1.5cm。黄瓜采用密集撒播法播种，方法同靠接法中密集撒播法。

3.播种后到出苗前管理

播种后，在育苗畦内用竹竿搭建小拱棚，拱棚上覆盖一层地膜、播完种的畦面上覆上薄膜进行保温。白天保持25~30℃，夜间保持15~20℃，可保证出苗整齐，生长正常。土壤湿度保持在70%为宜。

4.出苗到嫁接前，砧木苗期的温湿度管理

出苗后，立即撤去地膜。采取大温差管理（防止幼苗徒长），白天保持在25~30℃，夜间保持在10~18℃。土壤湿度保持在60%~70%，土壤过干时，

用酒壶喷水保湿，嫁接前2～3d，浇小水，备嫁接。

（三）嫁接方法

1.靠接

起苗：砧木苗和黄瓜苗连根带土从苗床中起出，注意保湿，减少嫁接过程中的失水。

砧木苗去心和切接口：用刀片切除或用竹签挑去砧木苗的真叶和生长点，在砧木下方1.0cm处，用刀片呈45°角向下斜削一刀，深至胚轴的（1/2）～（2/3），长0.5～0.8cm。

削切黄瓜苗穗：取接穗在子叶下方1.5cm处，向上斜削一刀，长0.5～0.8cm。

靠接：将接穗和砧木切口相互嵌合，叶片呈"十"字形，然后用嫁接专用夹将接口从接穗方向夹向砧木，栽入营养袋，栽时接口应高出土层3.0cm左右。将营养袋紧密排在苗床内，扣上小拱棚，浇足水。

2.插接

砧木苗两片子叶充分展开，第一片真叶充分展开；黄瓜苗两片子叶展开，心叶未露出或出露时，即可插接。

起苗：砧木苗同营养袋一起从苗床中搬出，也可以不搬出在育苗畦内直接插接。黄瓜苗连根带土从苗床中起出，注意保湿，减少嫁接过程中的失水。

砧木苗去心、插孔：用刀片切除或用竹签挑去砧木苗的真叶和生长点，然后用与接穗下胚轴粗细相同的竹签（竹签一头为楔形），在砧木切口处呈45°角向下斜插深0.5～0.8cm，竹签暂不拔出。

削切黄瓜苗：取黄瓜苗，在子叶下方0.5cm处，由叶端向根端斜削长约0.5cm的楔面，把苗茎削成单斜面形。

插接：从砧木苗茎上拔出竹签，随即把削好的接穗插入砧木孔中，把两个切口互相嵌入，把嫁接好的营养袋紧密排列在苗床内，将小拱棚覆上膜和遮阴网，浇足水。

（四）嫁接后的管理

从嫁接到成活需10~12d，期间必须做好保湿、保温、遮光、放风、炼苗和除萌等项工作。

1. 湿度管理

为了促进接口愈合，嫁接后3d内，棚室要密封，棚内湿度达到饱和状态为最佳，定期用小喷壶在苗子上方进行喷雾，增加棚室湿度。3d后相对湿度达到70%~80%即可。

2. 温度管理

为了促进接口愈合，嫁接后3d内棚内温度白天保持25~28℃（插接法是28~30℃），夜间17~20℃（插接法是20℃左右），3d后，白天温度保持在22~23℃，夜间14~17℃，空气相对湿度保持70%~80%，并逐渐增加光照时间。5~6d后逐渐撤除小拱棚，转入正常管理。

3. 遮光处理

嫁接后3d内，棚室要全部密封，小拱棚加遮阴网或报纸，避免阳光直射苗床，防止嫁接苗萎蔫。3d后逐渐增加光照时间。5~6d后逐渐撤除小拱棚，转入正常管理。

4. 靠接接穗苗的断根

靠接后7~10d，接穗可断根处理，在黄瓜根茎部断根。断根后中午仍要遮光1~2d。

5. 除萌管理

及时除掉砧木上的萌芽，不要损伤接穗和子叶。

6. 倒苗管理

嫁接瓜苗长到1叶1心时及时将幼苗的前后位置调换，保证幼苗生长一致，培育壮苗。

7. 适时定植

黄瓜苗3叶1心时，即可定植。定植前一个星期，进行低温炼苗管理。

二、西瓜常规嫁接育苗技术

（一）品种选择

1. 砧木品种的选择

砧木应选择与黄瓜嫁接亲和力、共生亲和力强，耐低温、生产出的西瓜品质好、无异味的砧木品种。当前适宜的砧木品种有葫芦、南瓜等。

2. 西瓜品种的选择

选择具有耐低温弱光、在较低温度条件下生长较快，易坐果、耐湿抗病的品种。目前适合当地种植的西瓜品种主要有早熟品种：京欣1号、郑杂5号、庆农3号、早佳等；中晚熟品种：庆发9号、红优2号等。

（二）嫁接苗的培育

1. 种子处理

用70~75℃热水烫种，种子倒入热水后不断搅拌，待水温降至30℃（常温）后，搓洗干净。砧木在常温下浸种30h，西瓜常温下浸种10~12h即可。浸种好的种子放在28~30℃环境下催芽，催芽期间每12h用温水搓洗一次种子表皮黏液（保持种皮通气良好），大部分种子出芽后即可播种。西瓜种子催芽时间一般需要24h，砧木根据品种不同催芽所需时间也有所不同，葫芦催芽时间一般为30h左右。

2. 播种

采用插接方法，砧木要比西瓜早播10~15d。砧木采用营养钵直播法播种，每个营养袋播1粒种子，种子平放，芽尖朝下，覆营养土用手轻轻镇压，保证播种深度为1~1.5cm。西瓜采用密集撒播法播种，具体做法：用营养土做畦，畦面宽1~1.2m，畦面要整平、整细，浇透水，浇水后，向畦面均匀撒盖一层营养土或沙子，以刚好盖上畦面为宜，水渗湿表土后开始播种。种子间距2~3cm，（1m²可播种2500~3000粒）种子平放，芽尖朝下。然后把苗床均匀覆盖覆土约1cm厚，播种后，覆盖地膜保温、保湿。

采用靠接方法，西瓜要比砧木早播7～8d。砧木和西瓜均采用密集撒播法播种，具体做法同西瓜密集撒播法播种。砧木也可以采用营养钵直播法播种。

3. 播种后到出苗前管理

播种后，在育苗畦内用竹竿搭建小拱棚，拱棚上覆盖一层地膜、播完种的畦面上覆上薄膜进行保温。白天保持25～30℃，夜间保持15～20℃，可保证出苗整齐，生长正常。土壤湿度保持在70%为宜。

4. 出苗到嫁接前，砧木苗期的温湿度管理

出苗后，立即撤去地膜。采取大温差管理（防止幼苗徒长），白天保持在25～30℃，夜间保持在10～18℃。土壤湿度保持在60%～70%，土壤过干时，用酒壶喷水保湿，嫁接前2～3d，浇小水，备嫁接。

（三）嫁接方法

1. 插接

砧木苗两片子叶充分展开，第一片真叶充分展开；西瓜苗两片子叶展开，心叶未露出或初露时，即可插接。

起苗：砧木苗同营养袋一起从苗床中搬出，也可以不搬出在育苗畦内直接插接。西瓜苗连根带土从苗床中起出，注意保湿，减少嫁接过程中的失水。

砧木苗去心、插孔：用刀片切除或用竹签挑去砧木苗的真叶和生长点，然后用与接穗下胚轴粗细相同的竹签（竹签一头为楔形），在砧木切口处呈45°角向下斜插深0.5～0.8cm，竹签暂不拔出。

削切西瓜苗：取西瓜苗，在子叶下方0.5cm处，由叶端向根端斜削长约0.5cm的楔面，把苗茎削成单斜面形。

插接：从砧木苗茎上拔出竹签，随即把削好的接穗插入砧木孔中，把两个切口互相嵌入，把嫁接好的营养袋紧密排列在苗床内，将小拱棚覆上膜和遮阴网，浇足水。

2. 靠接

起苗：砧木苗和西瓜苗连根带土从苗床中起出，注意保湿，减少嫁接过程中的失水。

砧木苗去心和切接口：用刀片切除或用竹签挑去砧木苗的真叶和生长点，在砧木下方1.0cm处，用刀片呈45°角向下斜削一刀，深至胚轴的（1/2）~（2/3），长0.5~0.8cm。

削切西瓜苗穗：取接穗在子叶下方1.5cm处，向上斜削一刀，长0.5~0.8cm。

靠接：将接穗和砧木切口相互嵌合，叶片呈"十"字形，然后用嫁接专用夹将接口从接穗方向夹向砧木，栽入营养袋，栽时接口应高出土层3.0cm左右。将营养袋紧密排在苗床内，扣上小拱棚，浇足水。

（四）嫁接后的管理

从嫁接到成活需10~12d，期间必须做好保湿、保温、遮光、放风、炼苗和除萌等项工作。

1. 湿度管理

为了促进接口愈合，嫁接后3d内，棚室要密封，棚内湿度达到饱和状态为最佳，定期用小喷壶在苗子上方进行喷雾，增加棚室湿度。3d后相对湿度达到70%~80%即可。

2. 温度管理

为了促进接口愈合，嫁接后3d内棚内温度白天保持28~30℃，夜间15~18℃。3d后，逐渐将小拱棚开口，白天保持28℃，夜间不低于15℃，超过35℃或低于10℃都会影响成活率。1周后嫁接苗基本愈合，温度白天25~28℃，夜间13~14℃，10d后同普通苗床管理。

3. 遮光处理

嫁接后3d内，棚室要全部密封，小拱棚加遮阴网或报纸，避免阳光直射苗床，防止嫁接苗萎蔫。3d后早、晚可见散射光和侧光，在嫁接苗不萎蔫的情况下适当延长见光时间。1周后开始放风炼苗，放风口由小到大，逐渐加大通风量，晴天中午光照强，必须用遮光。如果棚内温度不够，也可遮阴网遮光，10d后同普通苗床管理。

4. 靠接接穗苗的断根

靠接后7~10d，接穗可断根处理，在西瓜根茎部断根。断根后中午仍要遮光1~2d。

5. 除萌管理

及时除掉砧木上的萌芽，不要损伤接穗和子叶。

6. 倒苗管理

嫁接瓜苗长到1叶1心时及时将幼苗的前后位置调换，保证幼苗生长一致，培育壮苗。

7. 适时定植

西瓜苗3叶1心时，即可定植。定植前一个星期，进行低温炼苗管理。

三、甜瓜嫁接砧木调查

（一）不同砧木品种嫁接成活率调查

不同砧木品种嫁接成活率差异性主要表现在定植前，而定植后砧木品种、嫁接方法间成活率差异不大。

如表6-1所示，砧木于2021年2月26日播种，同年2月29日出苗，各处理出苗分别为：A（Tab.seed，日本）120株、B［梅洛索帕亚夫（メロソパーャフー），日本］120株、C（甜瓜本砧）120株、D（华砧1号）120株、E（华砧2号）120株、F（青研砧木一号）120株、G（良缘）120株。接穗甜瓜9818于2021年3月4日播种，3月10日出苗，3月12日嫁接拱棚保湿加遮阳，3月15日通风，3月18日去外遮阳，3月25日去棚观测成活株数：A21株、B30株、C21株、D97株、E91株、F104株、G99株，通过试验对定植前成活率进行调查，结果表明：接穗后成活率最高为F86.7%，其次为G82.5%和D80.8%。由此可以认为，青研砧木一号、良缘、华砧1号与甜瓜的亲和力表现较好。

表6-1　接穗甜瓜9818不同砧木嫁接后成活率

编号	砧木	出苗数	成活株数	接穗后成活率
A	Tab.seed，日本	120	21	17.5%
B	梅洛索帕亚夫（メロソパ一ャフ一），日本	120	30	25.0%
C	甜瓜本砧	120	21	17.5%
D	华砧1号	120	97	80.8%
E	华砧2号	120	91	75.8%
F	青研砧木一号	120	104	86.7%
G	良缘	120	99	82.5%
H	9818自根苗	120	120	—

（二）各砧木抗枯萎病调查

按照8个组合、3次重复的设计进行亲和性、共生性和枯萎病病害调查。其中亲和性通过调查有无根瘤病情判断，共生性通过调查死亡株数判断。

病情调查：计算枯萎病发病率。

计算公式：

$$R（\%）= n/N$$

式中　R——枯萎病发病率，%；

　　　n——发生枯萎病株数；

　　　N——嫁接株数。

根据枯萎病发病率的高低和下列说明，确定材料抗病性级别（用阿拉伯数字1、3、5、7、9表示）。

1：高抗（HR）（$R<20\%$）；

3：抗（R）（$20\%≤R<40\%$）；

5：中抗（MR）（$40\%≤R<60\%$）；

7：感（S）（$60\%≤R<80\%$）；

9：高感（HS）（$R \geqslant 80\%$）。

如表6-2所示，不同砧木嫁接甜瓜9818从亲和性调查表现最佳的为B、C、F，其次为G；其共生性表现除了A由于共生性差造成13.3%死亡率，其他不同嫁接表现较强的共生性。枯萎病发病率调查得出只有A发病率较高60%，其他砧木枯萎病发病率较低，材料抗病性级别：B、C、D、E为高抗（HR）；F、G为抗（R）；H9818自根苗对照为抗（R）。其中虽然D、E亲和性表现不佳但是共生性较强，砧木枯萎病发病率表现为高抗（HR）。

表6-2　不同砧木嫁接甜瓜9818亲和性调查结果

编号	有根瘤病情	死亡率	枯萎病发病率
A	86.6%	13.3%	60%（S）
B	0	0	0（HR）
C	0	0	0（HR）
D	60%	0	0（HR）
E	86.6%	0	0（HR）
F	0	0	20%（R）
G	20%	0	26.7%（R）
H	0	0	26.7%（R）

（三）采收期根冠比的调查

根冠比是指植物地下部分与地上部分的鲜重或干重的比值（质量比），它的大小反映了植物地下部分与地上部分的相关性。

以此实验中不同砧木嫁接甜瓜9818简约化栽培植株根冠比与自根苗（对照）相比较，A、B根冠比小于对照，C、D、E、F、G根冠比大于对照，说明甜瓜本砧、华砧1号、华砧2号、青研砧木一号、良缘根系都较对照发达，能为地上部分创造良好营养生长条件。

（四）嫁接栽培后甜瓜果实性状的差异

嫁接后甜瓜植株5月2日到5月8日开雌花，6月26日采收进行果实鉴定。如表6-3所示，各个砧木商品率都没有对照高，各处理相比较高的为E、C、D分别为50%、49.3%、47.8%，对照裂果率最低，其次裂果率较低的为D。但是从平均单瓜质量方面看最大的为E达1.5kg，其次为D 1.4kg、C和G平均单瓜质量为1.3kg也大于对照。品质方面分析得出，果实的平均边糖是对照最高，其次为D平均边糖为11.4%，果实的平均心糖C、D、E都高于对照且此三者平均心糖含量都在14%以上。综上所述，D在品质方面相对优于其他处理。

表6-3　不同砧木嫁接甜瓜9818果实性状差异

编号	平均单瓜质量/kg	平均单株结瓜数/个	商品率/%	裂果率/%	平均边糖/%	平均心糖/%
A	0.9	2.63	18.9	12.8	8.9	12.2
B	1.2	2.96	22.8	13.3	9.6	13.0
C	1.3	2.95	49.3	12.3	11.2	15.1
D	1.4	2.88	47.8	8.7	11.4	14.9
E	1.5	2.75	50.0	31.8	11.1	14.4
F	1.3	4.25	38.2	11.8	11.0	13.5
G	1.3	2.75	27.2	18.2	10.6	12.9
H	1.2	3.25	53.8	7.7	12.0	14.0

（五）结论

对定植前成活率进行调查，接穗后成活率最高为F（青研砧木一号）86.7%，其次为G（良缘）82.5%和D（华砧）80.8%。虽然D（华砧1号）、E

（华砧2号）亲和性表现不佳但是共生性较强，砧木枯萎病发病率较低。B〔梅洛索帕亚夫（メロソパ–ャフ–），日本〕、C（甜瓜本砧）、D（华砧1号）、E（华砧2号）抗病性级别为高抗（HR）。甜瓜本砧、华砧1号、华砧2号、青研砧木一号、良缘根系都较对照发达，能为地上部分创造良好营养生长条件。嫁接栽培后甜瓜果实性状比较中，D（华砧1号）在品质方面较优于其他处理。

四、西瓜与甜瓜的双断根嫁接

（一）非耕地设施西瓜双断根嫁接

日光温室早春茬（大多为套种）、拱棚和露地春季西瓜集中育苗时间主要在春季，1月26日至3月25日，以智能温室工厂化育苗、温室集中育苗为主，散户育苗为辅。西瓜品种主要有：大果王、极品京欣、早佳、小西瓜等。新疆吐鲁番西瓜嫁接在全疆具有代表性。其以双断根嫁接和插接为主，嫁接西瓜选用的砧木品种主要为白籽南瓜。吐鲁番西瓜生产几乎全部采用嫁接苗，嫁接西瓜1100万株以上，西瓜双断根嫁接要逐步替代其他嫁接方式，而且嫁接苗供应企业趋向于设备完善的工厂化育苗。

（二）非耕地设施甜瓜双断根嫁接

日光温室早春茬、连栋大棚、拱棚和秋延晚温室甜瓜生产集中育苗时间主要分春季育苗时间（1月26日至3月25日）和夏季育苗时间（7月5日至15日），以智能温室工厂化育苗、温室集中育苗为主，散户育苗为辅。为了解决设施多年重茬造成的减产和绝收、根部抗性的提高、实现果实可溶性固性物增加2%～3%，开展了甜瓜嫁接方面的研究，为甜瓜的双断根嫁接推广应用提供技术支撑。

比较了劈接、贴接、靠接、双断根嫁接和插接五种不同嫁接方法，对嫁接工效、甜瓜产量和品质的影响，见表6-4和表6-5。

表6-4　不同嫁接方法对甜瓜嫁接工效的影响

嫁接方法	调查株数	成活株数	成活率／%	每小时嫁接株数	嫁接工效
双断根嫁接	96	93	96.9	120	116.28
插接	96	88	91.7	120	110.04
劈接	106	84	79.2	95	75.24
贴接	73	55	75.3	90	67.77
靠接	67	34	50.7	75	38.02

表6-5　不同嫁接方法对甜瓜产量和品质的影响

嫁接方法	产量			品质				
	单果质量/kg	折合亩产/kg	亩产比对照增减（±）/kg	中心含糖量/%	商品率/%	纵径/cm	横径/cm	果形指数
双断根嫁接	1.36	1849	+109	15.5	80	16	12.5	1.28
插接	1.42	1931	+191	15.7	80	17	13.5	1.26
劈接	1.45	1972	+232	15.5	80	17	12.5	1.36
贴接	1.43	1944	+204	15.7	80	16.5	12.5	1.32
靠接	1.38	1876	+136	15.5	80	16.5	12	1.375
自根苗（对照）	1.28	1740	—	15.5	80	16	12	1.33

　　无论从嫁接工效还是嫁接甜瓜品质、产量来看，采用双断根嫁接和插接都更有利于甜瓜的嫁接苗的生产，值得在生产中应用。

第三节
基于不同种植茬口的育苗技术

一、秋延后，冬春茬育苗技术

（一）播种前准备

育苗场所及苗床：在日光温室内进行育苗。温室内建苗床，苗床宽1.5～2m，床坑深15cm左右。把床的整平踏实后把营养土填入床内，播种床土厚8～10cm，或者在苗床地上施足腐熟有机肥直播。

营养土配制：营养土按田土3份，腐熟有机肥1份，河沙1份的比例混合均匀，每立方土加复合肥0.5～1kg，用地虫地菌净或多菌灵100～150g进行消毒处理，或用1%的高锰酸钾处理。

（二）种子处理

晒种：浸种前，将处于干燥、休眠状态的种子在阳光下曝晒6～8h，促进和提高种子发芽率。

药剂消毒：茄果类蔬菜采取了磷酸三钠和温烫浸种相结合的方法，瓜类采取了福尔马林和温烫浸种相结合的方法。

磷酸三钠：将种子放入10%的磷酸三钠溶液中，浸泡20～30min，然后用清水洗干净，再进行浸种催芽。

福尔马林：将种子放入稀释100倍的福尔马林溶液中浸泡20～30min，然后用清水洗干净，再进行浸种催芽。

温烫浸种：把种子放在50～55℃的温水中，进行搅动，并随时准备热水，使水温稳定保持在50～55℃，浸泡时间10～15min。

浸种催芽：将种子放在清水中6～8h，种子充分吸水后捞出，用湿纱布包好，放在28～30℃的地方催芽2～3d，种子胚根露出后，立即播种。

（三）播种

播种期与苗龄：秋延后7月中旬，冬春茬8月下旬播种。苗龄秋延后30～35d，冬春茬35～40d。

播种量：每亩温室番茄，茄子30g，黄瓜100g，西葫芦300g种子。

播种技术：播种前1～2d先将苗床或营养钵灌透底水，将种子与适量细沙混匀然后撒播或条播。瓜类点播在营养钵，播后立即用过筛的细潮土覆盖，厚度为0.5～1.0cm。

（四）苗期管理

苗期因为温度较高，要进行遮阴。

1. 温度管理

播种至出苗，可保持较高的温度，白天25～30℃，夜间20℃左右。秧苗出齐后，适当降温，防治徒长苗。

2. 覆土和间苗

播种后种子拱土时，及时撤掉薄膜并及时覆土0.2～0.3cm，为预防猝倒病和立枯病发生，可按每立方米施用50%福美双或多菌灵4g掺入土中。秧苗破心时，淘汰长势弱的劣苗和过密的苗。

3. 分苗时期

2叶1心时开始分苗。

4. 分苗床准备

根据幼苗数量准备足够的分苗床，在温室里准备宽1.2～1.5m，长8～10m，深20cm的分苗床，床底整平后，倒入营养土厚度为8～10cm，营养土配制质量比为筛选的田土：河沙：羊粪=3：1：1。

每立方米营养土加磷酸二铵500～600g，混合均匀。

营养土消毒：每立方米分苗床按5～6g清土、地虫地菌净或多菌灵用适量田土充分混合后均匀撒在分苗床上并耙混。

营养钵准备：按上述比例准备好的营养土，装到营养钵内，约2/3，分苗前一天浇足底水。同时可加入0.3%的高锰酸钾溶液。

5. 分苗方法

分苗前一天给幼苗浇一次水，以利取苗。分苗前2～3d，分苗床上覆膜，以利提高床温。

分苗密度：分苗床分苗密度为10cm×（3～5）cm。

营养钵分苗：一个营养钵内移植1棵苗，分苗后起小拱棚扣膜，不通风，保温保湿。分苗后遮阴3d。分苗床分苗时按10cm行距开好沟，按3～5cm的株距摆好苗，浇透0.3%的高锰酸钾水后再覆土。

6. 缓苗后的管理

缓苗后（5～7d）向苗床上喷一次水，温度白天控制在20～30℃，夜间15℃左右。

肥水管理：肥料主要以叶面肥为主，每周结合浇水喷一次磷酸二氢钾或甲壳丰营养液交替使用，浇水应采取见干见湿的方法，浇水应在上午进行。

（五）苗期病虫害防治

病害防治：苗期主要病害以猝倒病和立枯病为主。

防治方法：改善通风条件，降低湿度。发生病害时每平方米苗床按5～6g的清土、甲托或多菌灵用适量细土混匀后均匀撒在床面，或用2000倍稀释的移栽灵或500倍稀释敌克松或500倍稀释的多菌灵进行灌根。

虫害防治：害虫主要以地老虎、金针虫为主。

防治方法：100g地百虫溶解在温水中，均匀混合在1kg麦糠或油渣中，撒在苗床上。

二、早春茬蔬菜育苗的技术

（一）播前准备

1. 播期与苗龄

播期茄果类确定为11月底到12月上旬，瓜类2月上旬较合理；番茄苗期为70～80d；辣椒苗期为80～90d；茄子苗期为100～120d；黄瓜苗期为35～40d；甘蓝苗期为50～65d；西葫芦苗期为35～40d；芹菜苗期为60～70d。

2. 育苗设施的准备

冬春季地温低，不适宜于幼苗生长，要铺设地热线，为保温保湿，需搭建小拱棚。

3. 营养土准备

床土以沙壤土为宜，并以13～17cm表层土质为好。床土加腐熟有机肥和河沙（土肥沙的质量比约为3∶1∶1）速效肥可用N、P、K各15%的优质复合肥，每立方米加施1kg，拌匀后堆积待用。

4. 苗床消毒

福尔马林加水配成100倍液喷洒苗床，喷后将床土拌匀，用薄膜闷5～7d，揭膜后7～14d即可使用。用50%多菌灵粉剂按100kg营养土用40g药混合拌匀，用薄膜闷2～3d，揭膜后待药味散去即可使用。

5. 种子处理

（1）种子精选和清洗　将种子进行精选，淘汰病、杂、弱、瘪、碎种子，然后将挑选的良种用20～30℃温水淘洗，洗去种子表面黏液。

（2）种子药剂消毒　冬春茬相同。

（3）浸种　常用的方法是温烫浸种，水温为55℃，水量为种子量的3～5倍，浸种时要求不断搅拌，并随时补给温水，保持水温55℃ 10min，然后水温下降至室温继续浸种，茄果类、瓜类浸种时间为8～12h。

（4）催芽　将浸泡后种子晾成半干状态，再进行催芽，茄果类和瓜类催芽的适温为25～30℃，催芽所需时间因品种而异。黄瓜1d，番茄2～3d，辣椒

3~4d，催芽过程中，每天早晚各用20~25℃清水淘洗一次，以洗去种子发芽时产生的有害物质，茄子要减少淘洗次数以利出芽，当种子露白后，应立即停止催芽，及时播种。

（二）播种

播前苗床浇足底水，灌水量一般以湿透床土7~10cm为宜，一般采取撒播和条播，瓜类采用点播，播后立即覆土（厚度1~2cm）。

（三）苗期管理

番茄、辣椒、茄子、甘蓝苗期温度管理指标如表6-6所示。

表6-6　番茄、辣椒、茄子、甘蓝苗期温度管理指标

时期	日温/℃				夜温/℃				短时间最低夜温不低于/℃			
	番茄	辣椒	茄子	甘蓝	番茄	辣椒	茄子	甘蓝	番茄	辣椒	茄子	甘蓝
播种—齐苗	25~30	28~30	25~30	20~25	18~15	20~25	18~15	15~16	13	20~25	10	5
齐苗—分苗前	20~25	20~25	20~25	18~23	15~10	15左右	17~20	13~15	8	15左右	10	5
分苗—缓苗	25~30	25~28	25~30	20~25	20~15	18~20	20~25	16~24	10	15左右	10	5
缓苗后—定植前	20~25	22~25	20~25	18~23	16~12	15~18	16~20	12~15	8	15左右	10	5
定植前5~7d	15~20	20左右	15~20	15~20	10~8	10~15	8~10	8~10	5	13左右	8	5

1. 出苗期间的管理

出苗期间的管理主要是温度和湿度管理，从播种到出苗要维持较高的温度，如表6-7所示。

表6-7　西葫芦、黄瓜苗期温度管理指标

时期	日温/℃		夜温/℃		短时间最低夜温≥/℃	
	西葫芦	黄瓜	西葫芦	黄瓜	西葫芦	黄瓜
播种—齐苗	25~30	25~30	18~20	15~20	8	12
子分期	23~25	23~25	10~12	13~15	8	10
生长期	20~23	25~30	9~11	14~16	8	10
炼苗期	18~20	20~25	8~10	12~14	8	10
定植前5~7d	—	15~20	—	13~16	—	10

2. 籽苗期管理

籽苗期（从子叶展开到第一片真叶出现）是易徒长期，管理要以"控"为主（表6-7），适当降低夜温，喜温蔬菜（黄瓜、番茄）夜温保持在12~15℃，白天气温保持在20~22℃，原则上不浇水，如有戴帽出土的应在保持种皮湿润下人工助摘帽。

3. 小苗期管理

从第一片真叶展开到2~3片真叶展开，管理原则是促控结合，保证小苗在适温（表6-7）、适水和阳光充足的条件下生长。

4. 分苗及缓苗后的管理

当秧苗2~3片真叶展开，生长空间拥挤时需要进行分苗（直播苗）。分苗一般选在晴天上午进行，分苗前一天将原苗床浇透水，分苗后缓苗期适当提高地温，保证适宜的温度和光照，防止秧苗徒长，适当落水，如果缺肥，可追一次速效肥，也可每隔3~5d进行叶面喷施（1/1000）~（3/1000）的磷酸二氢钾。如栽培环境与育苗环境差别较大，定植之前，需进行秧苗锻炼。

三、夏季高温辣椒育苗技术

夏季辣椒育苗易受高温、干旱、光照强等天气因素影响，造成育出的秧苗质量差。吐鲁番盆地属大陆荒漠性气候，素有"火洲"之称，夏季干旱炎热，6～8月份平均最高气温都在38℃以上，酷热日数（日最高气温≥40.0℃）百分率平均为67%，最高气温有过49.6℃的记录，中午的沙面温度，最高达82.3℃；平均日照时数在10h以上。为了在炎炎夏日培育出优质壮苗，2008年7～8月份，在吐鲁番市亚尔镇建设队试验示范了辣椒高温育苗，试验很成功，成为吐鲁番市设施农业的新亮点，填补了地区夏季高温育苗的技术空白。

（一）育苗设施准备

选择通风良好的地块做育苗床搭建拱棚，用60目的防虫网和60%的遮阳网覆盖，降低苗床温度，杜绝以烟粉虱为主的害虫侵入，减少病害发生危害程度，创造一个适于幼苗生长的小环境。

（二）育苗时间和苗期

夏季育苗一般是7～8月播种育苗，苗龄40～50d。根据定植茬口确定播种时间，一般秋延晚生产在7月上中旬播种，深冬茬生产在8月上中旬播种。

（三）品种选择和种子处理

1. 品种选择

由于栽培季节的特点，必须选择前期抗高温，后期耐低温弱光，产量高，抗病性强，特别是抗病毒、抗逆性较强，适应性强，品质好的品种。根据市场需求，选择尖辣类型品种，如改良猪大肠、陇椒2号、新椒10号等。

2. 种子处理

（1）晒种和选种　将要播的种子置于太阳光下曝晒1～2d，晒种时要求薄摊、勤翻、晒匀、晒透，促进种子的生理后熟，增强种子成活力，提高发芽势和发芽。同时选取颗粒饱满、发育完善、大小均匀一致、不携带病虫卵细菌、生命力强的种子。

（2）浸种　药剂浸种：为了预防病毒病，用10%磷酸三钠溶液浸种消毒

20min，或用福尔马林（40%甲醛）100倍液浸种消毒30min，消毒后在常温下清水浸种8～10h，让种子吸足水分。

温汤浸种：用水量为种子的5倍，将种子倒入55℃水中立即搅拌，待水温降至30℃后，再浸泡8～10h即可，这种方法对辣椒的菌核病有杀菌效果。

催芽：将浸泡过的种子，搓去皮上的黏液，然后用湿纱布包裹放在28～30℃的条件下催芽，一般在3～4d即有70%出芽，此时即可播种，在催芽过程中种子要经常翻动、搓洗，每天保证1～2次，当70%以上的种子发芽时，可把温度降至2～5℃进行播前低温锻炼，准备播种。

（四）播种和间苗

1. 营养土的配制

用过筛后的三年未种过茄果类蔬菜的园土、砂、羊粪以5∶3∶1的质量比例混匀配成营养土，1m³的营养土加二铵2kg增加养分、80g的代森锰锌等杀菌剂进行消毒，也可直接用基质育苗。

2. 播种

采用穴盘育苗，每个穴盘点1～2粒种子，播种后覆土1cm左右，覆土后再盖一层遮阳网降温保湿，3～5d出苗后，逐渐撤去遮阳网。

3. 间苗

幼苗长到2～3片真叶时进行间苗，每穴留一个壮苗。

（五）育苗棚环境管理

1. 温湿度

吐鲁番市夏季炎热干燥，7～8月最低气温在18℃以上，空气相对湿度只有30%左右。利用覆盖遮阳网、补水和通风进行降温保湿。

2. 光照

7～8月日照时数平均在10h以上，利用揭盖遮阳网控制光照强度和日照时数。

（六）幼苗管理

1. 温湿度管理

播种前，浇足底水，保持足够的土壤湿度，覆盖遮阳网降温；播种后至出齐苗，注意降温和土壤保湿，育苗棚覆盖60%遮阳网，每天用酒壶适量补水保墒；苗出齐后，中午高温期，覆盖遮阳网降温保湿，其他时间揭放遮阳网，控制灌水次数，根据土壤墒情选晴天上午进行补水；2～3片真叶时，逐渐缩短覆盖遮阳网时间，适时补水；定植前7～10d进行高温抗旱锻炼，定植前，浇足底水。

2. 施肥管理

2～3片真叶时，追施叶面肥，喷施0.2%～0.3%磷酸二氢钾，10～15d后再喷施一次。

3. 断根处理

2～3片真叶后，适时断根蹲苗，防止徒长，整个苗期根据苗子长势断根2～3次。

4. 病虫害防治

贯彻"预防为主，综合防治"的植保方针，优先采用农业和生物防治措施，科学使用化学农药。

（1）农业技术防治　覆盖防虫网，杜绝以烟粉虱为主的害虫侵入，减少了病害发生危害程度，发现少量病株立即拔除。

（2）物理防治　挂黄版，每亩挂黄版40个，防治烟粉虱、蚜虫等害虫的侵入。

（3）化学预防　用75%百菌清600倍液或64%杀毒矾500倍液，每7～10d喷一次，连喷2次。

（七）辣椒壮苗的标准

辣椒壮苗应根白色、粗壮、须根多，茎短粗，叶片肥厚，颜色浓绿而有光泽，株高18～20cm，具有10～12片真叶，60%～70%已现蕾，无病虫害。

第四节

基质育苗技术

一、瓜菜穴盘基质育苗技术

穴盘基质育苗技术是近几年随着温室大棚蔬菜生产的迅速发展而研发的一项全新的蔬菜育苗技术，与传统的土壤育苗法相比较，它有以下几方面的优点。

育苗基质营养充足，发芽出苗快，根系发达、健壮，缩短了育苗期，栽培成活率高。育苗基质采用高温、发酵等处理，杜绝病菌来源，穴盘秧苗病害轻，同时减轻了杂草危害。穴盘育苗定植，既延长前茬作物的生长期，又不影响本茬的生长适期，穴盘还能够重复利用。穴盘育苗，由于穴孔小，基质量也少，省去了过去配制营养土的大量人工；出苗率、成苗率都高，节约了用种量，省工又省本，节约土地、提高了土地利用率。穴盘基质育苗有利于实现育苗集中化、生产标准化，同时便于长途运输。只要根据不同瓜果蔬菜苗期生长特点，选择适用的穴盘，均能达到培育早、全、齐、匀、壮苗的要求。

（一）穴盘

穴盘通常是用硬质塑料压制成的排列规则的育苗穴的塑料盘。其规格有50穴、72穴、128穴、200穴等多种。育苗穴盘的选择要针对不同种类蔬菜及同种蔬菜不同的幼苗时期，选用不同规格的穴盘。一般培育大苗用大规格的穴盘、小苗应选用小规格的穴盘。72孔穴盘适用于茄果类、瓜类等育苗；128孔穴盘适用于叶菜、甘蓝类等育苗。

（二）有机育苗基质

采用专用有机育苗基质，要求富含有机质和蔬菜苗期生长所需的氮、磷、钾和微量元素。每立方育苗基质，可分装72孔穴盘200盘，育苗1.44万株；分装

128孔穴盘225盘，育苗2.88万株。

有条件的地方也可就地取材，自己配制有机育苗基质。可采用粉碎的蘑菇渣、作物秸秆加入一定量的鸡粪、羊粪或猪粪经堆制充分腐熟发酵而成，同时，每立方米基质加入复合肥1kg和一定比例的炉渣、沙子。

（三）育苗场地

根据季节、气候条件的不同，冬春育苗采用"二膜一帘"保温覆盖，冬季夜间地热线加温；夏秋育苗采用"一膜一网"。

地面畦床宽120cm，长度不限，床面要整平拍实，上铺一层塑料薄膜，四周开排水沟。

（四）基质装备

将配制好的消毒基质装入穴盘中，用刮板从穴盘的一方刮向另一方，使每个孔都装满基质。再用叠在一起的3~4个穴盘压实基质，压出播种用的小穴，穴深1.0cm，最后把装填好的穴盘排到畦床中。

（五）基质预湿

在播种前一次性喷足底水，浇透基质，底层开始见水即可。

（六）手工播种

精选种子，并进行种子消毒处理，风干后播种。每穴播一粒种子，播种深度在1.0~2.0cm，播后用吸足水的基质覆盖。

（七）苗期管理

水分：幼苗生长期，应保持基质湿润。补水量和补水次数要根据育苗季节和秧苗大小而定，原则上基质表面发白时即应补充水分，起苗移栽前一天浇一次透水。

温度：出苗前要保持较高温度，达到50%以上出苗率后及时揭除覆盖穴盘上的地膜，防止出苗时高温灼伤秧苗。一般白天棚温在25～30℃，夜间15℃以上，但不宜过高，要保持棚内良好的通风条件。

光照：夏秋育苗，晴天每天下午和阴天要揭去遮阳网；冬春育苗，棚膜上的覆盖物要早揭晚盖，阴天也要揭开，增加棚内光照。

营养：根据基质养分含量情况和苗情长势，如果需要补充营养，多数采用叶面喷肥的办法，结合补水进行适当补充。但要防止肥料过量使用导致苗期徒长，以确保适龄壮苗移栽。

（八）秧苗标准

茎秆粗壮，叶色浓绿，生长旺盛，根系将基质紧紧缠绕、形成完整根坨，并无病虫害。对有徒长苗头的苗子，叶面均匀喷洒矮壮素、助壮素等控制生长速度。

二、有机基质无土育苗技术

（一）营养块育苗

试验材料：格瑞贝特育苗有机营养块（长春朗弛农业高新技术有限公司生产）。

试验方法：供试作物黄瓜，育苗8月中旬，黄瓜催芽30h后播种，2d后齐苗，出苗率达99.8%，移栽前无病害发生。移栽后田间成活率（4叶1心）平均为96.7%。较塑料钵营养土育苗提前2～3d齐苗，出苗率提高5%～10%。可见，采用有机营养块育苗具有出苗快，出苗齐，操作使用方便，改善幼苗根系周围土壤营养条件和理化性状，提高幼苗移栽成活率的优点。

（二）穴盘基质育苗

试验材料：采用72穴育苗盘进行番茄育苗。有机营养育苗基质由宁夏中青农业科技有限公司生产，主要成分为草炭和蛭石。

试验方法：番茄品种为铁冠168，8月25日播种，8月29日齐苗。

（三）不同育苗方式番茄出苗和苗期猝倒病发生调查

育苗方式：分别采用营养床土育苗、穴盘有机基质育苗和地热线营养床土育苗。

番茄品种：铁冠168。12月3日苗床和穴盘同期播种，种子未催芽。育苗床土用50%多菌灵可湿性粉剂600倍液喷雾消毒，育苗基质未消毒。

调查方法：在苗床上按10cm×10cm随机选多点调查苗数和病苗数；穴盘则以南北方向按前、中、后定点调查整盘的出苗数和病苗数。出苗期以70%以上幼苗子叶展开为准。

调查时间：9月21日进行调查（3～4片叶），番茄疫霉根腐病发病率为3.24%。

番茄疫霉根腐病发生较重，由表6-8表明基质带菌，为此，在采用该商品基质育苗时，基质要进行药剂消毒。于12月11日调查猝倒病，当天育苗棚早晨地温14℃、气温12℃，此前连阴4d。

表6-8　番茄出苗期及苗期猝倒病调查

育苗方式	出苗期	调查株	发病株	发病率/%
地床苗	12月18日	241	42	17.43
穴盘基质苗	12月13日	706	14	1.98
地热线床土苗	12月8日	827	0	0.0

调查结果显示，采用营养床土育苗的番茄苗猝倒病发病率为17.43%，穴盘基质育苗番茄苗猝倒病发病率为1.98%，地热线床土育苗番茄苗没有猝倒病发生。

调查三种不同育苗方式，番茄出苗期以地热线床土育苗最短为5d，其次是穴盘基质育苗为10d，床土育苗时间最长为15d。

由此可见，冬季低温时期，地热线床土育苗，由于能将地温控制在20℃以上，可有效防止猝倒病的发生，且出苗快；在没有辅助加温的条件下，有机基质穴盘育苗较营养床土育苗的出苗期缩短5d并可效降低番茄苗期猝倒病的发生。

第七章

非耕地日光温室果蔬
栽培管理技术

第一节
非耕地日光温室番茄越冬栽培管理技术

日光温室蔬菜生产发展到今天，栽培技术不断丰富，由原来的秋延迟和早春茬向越冬生产发展，越冬生产由耐冷凉的叶菜向果菜发展，逐步实现多种蔬菜的周年生产与供应。新疆日光温室蔬菜大发展相对山东等地稍晚，加之地处大西北，气候寒冷，很多地方果菜难以越过严冬，多年来越冬蔬菜栽培仅局限于叶菜，但随着栽培技术的不断提高和市场的需求，越冬蔬菜栽培面积和品种逐渐增加。就气候而言，在南疆的喀什、和田、阿克苏等地发展日光温室越冬果菜生产比较适宜，北疆的乌鲁木齐、塔城、昌吉、伊犁等和东疆的吐鲁番、哈密等地的暖冬，部分果菜也可不加温或临时加温越冬。

日光温室蔬菜越冬生产是一个很宽的概念，只越冬番茄的生产就有多种模式，根据各地气候特点、栽培习惯以及消费市场特点选择适宜的模式，是取得高产高效的前提。

一、越冬茬栽培时间

越冬茬栽培番茄，生长期相对较短，一般8月初到9月初育苗，8月底到9月底定植，3月初到4月底收获结束。多采用矮化密植栽培，集中采收，后茬为早春茬蔬菜，特别适合于番茄、辣椒和叶菜，也有利于早春时令蔬菜的套种。

二、越冬栽培番茄品种的选择

越冬栽培番茄主要选择生长势强、增产潜力大、连续坐果能力强、耐低温寡照、高抗病虫害的品种，在产品特性上要商品性好、果皮厚、果肉厚、耐储藏、耐运输。目前，栽培上表现较好的是进口大红品种，如以色列泽文公司的加茜亚、卓越、多菲娅、汉克等；以色列海泽拉公司的FA-189、FA-1420；以色列尼瑞特公司的耐莫尼塔；以色列艾玛公司的艾玛70等；另外，法国的托马雷斯、西班牙的印第安、美国的美国大红、荷兰的百利等都是比较适合于长季栽培的品种。

国产番茄品种粉红的较多，一般表现为口味酸甜适中、品质好，但多数果皮较薄，易裂果，耐储性稍差。近年来也选育了一些耐储品种，如金棚1号、金棚3号、齐粉番茄、中杂9号、特大瑞光等，可用作越冬栽培。

三、定植技术

（一）定植前的准备

定植前的准备主要包括壮苗标准、整地施肥、土壤消毒和起垄做畦。

壮苗标准：越冬番茄苗龄一般在30~40d，株高18~20cm，叶片肥厚，叶色浓绿，茎秆粗壮，茎基部紫红色，根系发达，不徒长，无病虫害，中晚熟品种7~9片叶，晚熟品种10~12片叶，现大花蕾。穴盘育苗5~6片真叶即可定植，以防拥挤而成徒长苗。

整地施肥：耕翻深度25~30cm，整细耙平，结合深翻每亩施优质腐熟有机肥8000~10000kg，硫酸钾50kg，磷酸二铵50kg，过磷酸钙100kg，油渣100kg。每亩施50%多菌灵1~2kg，90%敌百虫400~500g，均匀混入土中。

起垄做畦：南北向起垄，垄高25~30cm，垄宽70cm，垄距50cm，地膜覆垄露沟，或垄宽80cm，垄距40cm，地膜全地面覆盖，膜下暗灌。

（二）定植技术

定植时间：越冬茬8月底到9月底，越冬延夏9~10月份，越冬周年长季栽培7月底8月初定植。

定植密度：株距40~45cm，每亩定植2000~2500株。

定植方法：垄上双行单株定植，大小苗分开栽，第一花序朝向操作行，定植不宜过深，选择晴天下午，集中人力一次栽完。

（三）定植后的管理

缓苗期：秧苗定植后即浇混有少许多菌灵和敌百虫的定植水，每株1kg左右，注意遮阴防晒。缓苗后即陆续撤除遮阴物，以防徒长。

缓苗后：3~5d，缓苗后，即浇缓苗水，水浇至沟深的2/3处。

蹲苗：缓苗水后，中耕培土，促根控上，大约蹲苗20d，第一果核桃大小。期间确有干旱，可叶面喷施0.2%磷酸二氢钾+0.2%尿素溶液，或浇跑马水一次缓解。

四、田间管理技术

越冬栽培番茄的田间管理技术基本与秋延迟栽培等常规技术一致，但对于生长期跨越秋、冬、春，甚至包括夏季的长季节栽培，又有它的特殊性，特别是前期、中期和后期的管理重点、主攻方向、整枝模式等都有了很大不同。

（一）前期、中期、后期协调管理

1. 前期

前期主要是指深冬之前。主攻方向：培育健壮植株，形成产量的60%左右。培育壮苗是越冬长季节生产的基础，前期管理是越冬生产的关键。一定要壮苗进地，先天不足，后天难成，定植后生长前期以促根为主，合理蹲苗，严防徒长。番茄定植后留杈促根，即第一果穗下的侧枝不要摘除得太早，以免影响根系发育，一般8~10cm时摘除。对植株要全盘考虑，切忌顾前不顾后，引起早衰，哪怕放弃底层果实也要搭好丰产架子。在管理上植株下部果实不要保留太多，以防赘秧，影响持续生产，第一穗保留2~3个果实，第二、第三穗保留3个即可。

2. 中期

中期主要是指深冬季节。主攻方向：保温增温，安全越冬。在南疆主要是指12月到1月份，大约60d，北疆较长，需80~90d。这个季节气候寒冷，光照差，番茄开花坐果难度很大，主要是做好保温工作，使植株和果实安全越冬。切忌把番茄的开花坐果、产量形成期调控在这一时期。

3. 后期

后期主要是指深冬之后。主攻方向：预防早衰，促使再生生长。南疆在2月初（立春）开始，北疆在2月底3月初，这时已进入春季，番茄恢复旺盛生长。由于植株高大，很容易出现早衰，不利于持续开花结果。主要措施：提高地温，促使新根萌发；增施生物活性肥，提高根系活力；叶面喷施0.2%磷酸二氢钾+0.1%尿素溶液；植株换头或落蔓；及时采收中下部果实。

（二）植株调整

越冬栽培番茄一般采取单干整枝，由于生长期长且跨越季节多，又要打破常规，根据植株长势和季节特点，灵活运用，如采取及时换头或落蔓等。

换头：越冬番茄入冬前一般5~7穗果，进入冬季可长3~4穗，但冬季的这几穗果比较难成，不必强求，可采取打顶换头的方式，在植株中上部培育3~4个萌动侧枝，打去顶梢，3~4个侧枝多头并进，侧枝各留1~2穗果即可。

落蔓：越冬番茄越过冬季，植株高大，有的已经顶到棚膜，且上部光照、温度等环境条件差，不利于再生生长，可以采取落蔓的方式。方法是摘除中下部所有果实和叶片，将茎秆小心盘放于地面，使生长点距离地面大约1.5m处，环境更好，利于开花结果和田间管理。

五、环境调控

温光水土四大因子中温光是关键，水土是瓶颈。特别是深冬，白天增温，夜晚保温，高温不过34℃，低温不下6℃，最好不下10℃，果菜即可安全过冬。一般要保持温室内白天25~28℃，夜间12~15℃。经常擦洗棚膜，提高透光率，阴雨雪天尽量多见光，不要长时间覆盖棉被等遮阴物。深冬一般不浇水，最好采取膜下滴灌，有机生态型无土栽培更适合于果菜越冬长季栽培。第二年春天，气温回升，要注意高温危害，一般在外界日平均气温稳定超过15℃时，可以不盖棉被，打开风口昼夜通风，当风口全部打开，室内气温仍持续上升，就要打开前沿通风降温。

六、肥水管理

越冬番茄的栽培，生长季节长，在水的管理上前期要少，后期要多，前期要控，后期要促。就是在入冬之前要少浇水，促进根系的发育，生长中后期，特别是到了第二年春天，要提高浇水频率，增加浇水次数。入冬前，10~15d浇水一次，入冬后尽量不浇水，春天气温回暖，蒸腾量加大，植株也很高大，要增加浇水次数，一般5~7d浇水一次。配合浇水，重施花果肥，补施盖顶肥。即开花坐果期，尤其盛果期，在9~10月份，每次浇水都要施肥，一般每亩每次15kg复合肥；冬季一般不浇水施肥；来年春天，植株高大，容易出现早衰，在地面施肥的基础上，要叶面追肥，5~7d喷洒一次0.2%磷酸二氢钾和0.2%尿素混合液。

七、适期采收

当采收时则采收，越冬栽培番茄大多选用耐储运的厚皮品种，这些品种在植株上挂果期长，货架期长，但不要因此而延误销售时机，也不要长期挂果而影响上部开花坐果。采收一是要看植株长势，及时采收减轻负担，促进再生生长；二是要看市场，不要惜售，超过常年平均价格就要采收，确保综合效益。

第二节
非耕地日光温室黄瓜栽培管理技术

一、栽培季节与茬口

秋冬茬（秋延迟）：8月上旬育苗，8月底9月初定植，12月底结束。

冬春茬（早春茬）：1月上中旬育苗，2月上旬定植，5月底收获结束。

越冬茬（冬生产）：8月中旬育苗，9月中旬定植，次年5月收获结束。

二、品种选择

依据当地气候、消费习惯和市场需求确定品种。秋冬茬选择耐高温抗病毒品种；冬春茬和越冬茬选择耐低温弱光品种。

三、育苗

黄瓜育苗详见第六章中阐述的黄瓜育苗技术。

四、定植

（一）整地施肥起垄

定植前清洁田园，高温闷棚5~7d，翻地深25cm，每亩施腐熟的优质农家肥8~10m³，有机复合肥100kg，有机腐殖酸复合肥100kg，深翻入土，混合均匀。起垄覆膜定植，垄宽70cm，垄距50cm，垄高25cm，垄上覆盖地膜。

（二）定植与苗期管理

垄上双行单株定植，株距40~45cm，每亩保苗2500~3000株，定植时每株浇定植水1kg左右，秋季定植后3～5d浇缓苗水一次，冬春季定植不浇缓苗水。缓苗后进入蹲苗期，控水20d左右，促进根系生长控制地上徒长。秋季定植后要遮阴防晒，冬春季定植后高温缓苗。

五、田间管理

（一）温度和光照

调节风口，擦洗棚膜，保持室内白天25～28℃，夜间12～15℃，空气相对湿度40%～45%，以保温为主，科学揭盖棉被：晴暖天气早揭晚盖；晴冷天气早揭早盖；阴冷天气晚揭早盖；久阴乍晴回盖防晒。室内极限温度不低于10℃，不高于35℃，覆盖不超1昼夜。春季外界气温稳定在15℃以上，可以不盖棉被，风口全部打开，昼夜通风。

（二）水肥管理

施肥应符合NY/T 394—2021《绿色食品　肥料使用准则》规定。定植前浇透底水，定植后控水蹲苗，全田70%根瓜坐住，瓜把浓绿时始浇头水，以后7～10d浇水一次，保持土壤湿润不干。结合浇水平衡配方施肥，以沼液和商品有机肥为主，两次水带一次肥，每次每亩冲施腐殖酸液肥或有机复合肥30kg配合10kg磷酸二铵和2kg尿素，中后期可叶面喷施0.1%腐殖酸液肥和复合微生物液肥2～3次。收获前30d停止追肥。

（三）植株调整与花果调整

黄瓜为蔓生性植物，当株高30cm左右进入甩蔓期，及时吊绳绑蔓呈"S"形缠绕，及时摘除卷须和根瓜以下萌蘖，生长中后期摘除下部老化、黄化、病残老叶，以利于通风透光，冬春茬和冬生产等长季节栽培，可在摘除老叶后落蔓延长结果期，一般降至生长点高度1.5～1.7m较好，常规栽培一般20～25片叶摘心，加大水肥促进回头瓜生长。同节出现双瓜或多瓜的及时摘除，保留每节

1个瓜即可，以确保瓜条生长整齐、大小均匀，外观品质基本一致。

（四）病虫害防治

主要病害：猝倒病、霜霉病、白粉病、细菌性角斑病。

主要虫害：白粉虱、蚜虫、斑潜蝇。

防治原则：按照"预防为主，综合防治"的植保方针，坚持以"农业防治、物理防治、生物防治为主，化学防治为辅"的治理原则。

1. 农业防治

抗病品种：针对主要病虫害控制对象，选用高抗多抗品种。

生育环境：培育适龄壮苗，提高抗逆性；控制好温度和空气湿度，适宜的肥水，充足的光照和二氧化碳，通过放风和辅助加温，调节不同生育时期的适宜温度，避免低温和高温障碍；深沟高畦，严防积水，清洁田园，做到有利于植株生长发育，避免侵染性病害发生。

耕作制度：实行严格轮作制度，与非瓜类作物轮作3年以上。

科学施肥：测土配方施肥，增施充分腐熟的有机肥，防止土壤富营养化。

设施防护：大型设施的防风口用防虫网封闭，夏季覆盖防虫网和遮阳网进行避雨、遮阳、防虫栽培，减轻病虫害的发生。

2. 生物防治

天敌：积极保护利用天敌防治病虫害。

生物药剂：利用植物源农药如藜芦碱、苦参碱、印楝素等和生物源农药如齐墩螨素、新植霉素等防治病虫害。

3. 物理防治

温棚内运用黄板诱杀白粉虱、蚜虫和斑潜蝇成虫，每亩悬挂黄色粘虫板30～40块。

4. 主要病虫害化学防治

使用农药防治病虫害应符合NY/T 393—2020《绿色食品　农药使用准则》的要求。

（五）采收

黄瓜果实达到商品成熟时即可采收，产品质量符合NY/T 1055—2015《绿色食品　产品检验规则》的要求。

（六）清洁田园

将残枝败叶和杂草清理干净，集中进行无害化处理。

第三节
非耕地日光温室辣椒栽培管理技术

一、栽培季节与茬口

秋冬茬（秋延迟）：8月中旬育苗，9月中旬定植，12月底到次年1月中旬收获结束。

冬春茬（早春茬）：11月中旬育苗，1月底2月初定植，5月中旬结束。

二、品种选择

依据当地气候、消费习惯和市场需求确定辣椒品种。秋冬茬选择耐高温抗病毒品种；冬春茬选择耐低温弱光品种。

三、育苗

辣椒育苗详见第六章中阐述的辣椒育苗技术。

四、定植

（一）整地施肥起垄

定植前清洁田园，高温闷棚5~7d，翻地深25cm，每亩施腐熟的优质农家肥8~10m³，有机复合肥100kg，有机腐殖酸复合肥100kg，深翻入土，混合均匀。起垄覆膜定植，垄宽70cm，垄距50cm，垄高30~35cm，垄上覆盖地膜。

（二）定植与苗期管理

垄上双行双株定植，株距30~40cm，每亩保苗6000~8000株，大果甜椒单株定植，株距45cm，每亩保苗2500株，定植时每穴浇定植水1kg左右，秋季定植后3~5d浇缓苗水一次，冬春季定植不浇缓苗水。缓苗后进入蹲苗期，控水20d左右，促进根系生长控制地上徒长。秋季定植后要遮阴防晒，冬春季定植后高温缓苗。

五、田间管理

（一）温度和光照

调节风口，擦洗棚膜，保持室内白天25~28℃，夜间12~15℃，空气相对湿度40%~45%，以保温为主，科学揭盖棉被：晴暖天气早揭晚盖；晴冷天气早揭早盖；阴冷天气晚揭早盖；久阴乍晴回盖防晒。室内极限温度不低于10℃，不高于35℃，覆盖不超1昼夜。春季外界气温稳定在15℃以上，可以不盖棉被，风口全部打开，昼夜通风。

（二）水肥管理

施肥应符合NY/T 394—2021标准规定。定植前浇透底水，定植后控水蹲苗，全田70%门椒达到采收标准时始浇头水，结合浇水平衡配方施肥，以沼液和商品有机肥为主，一般10~15d浇水一次，每次浇水深至沟深的1/2即可，忌大水漫根，保持土壤湿润即可，两次水带一次肥，每次每亩冲施腐殖酸液肥或有机复合肥30kg配合10kg磷酸二铵和2kg尿素，中后期可叶面喷施0.1%腐殖酸液肥和复合微生物液肥2～3次。收获前30d停止追肥。

（三）植株调整

辣椒植株为假二杈分枝，不需要打杈，只"脱裤腿"即可，把第一分枝以下的蘖枝全部摘除，中后期拦绳扶蔓以防倒伏，部分甜椒等高大植株要吊绳绑蔓，生长过密可适当剪除空枝条，以通风透光。

（四）病虫害防治

主要病害：猝倒病、疫霉病、病毒病等。

主要虫害：白粉虱、蚜虫、斑潜蝇等。

防治原则：按照"预防为主，综合防治"的植保方针，坚持"农业防治、物理防治、生物防治为主，化学防治为辅"的治理原则。

1. 农业防治

抗病品种：针对主要病虫害控制对象，选用高抗多抗品种。

生育环境：培育适龄壮苗，提高抗逆性；控制好温度和空气湿度，保证适宜的肥水、充足的光照和二氧化碳，通过放风和辅助加温调节不同生育时期的适宜温度，避免低温和高温障碍；深沟高畦，严防积水，清洁田园，做到有利于植株生长发育，避免侵染性病害发生。

耕作制度：实行严格轮作制度，与非茄科作物轮作3年以上。

科学施肥：测土配方施肥，增施充分腐熟的有机肥，防止土壤富营养化。

设施防护：大型设施的防风口用防虫网封闭，夏季覆盖防虫网和遮阳网进行避雨、遮阳、防虫栽培，减轻病虫害的发生。

2. 生物防治

天敌：积极保护利用天敌防治病虫害。

生物药剂：利用植物源农药如藜芦碱、苦参碱、印楝素等和生物源农药如齐墩螨素、新植霉素等防治病虫害。

3. 物理防治

温棚内运用黄板诱杀白粉虱、蚜虫和斑潜蝇成虫，每亩悬挂黄色粘虫板30～40块。

4. 主要病虫害化学防治

使用农药防治病虫害应符合NY/T 393—2020的要求。

（五）采收

辣椒果实达到商品成熟时即可采收，产品质量符合NY/T 1055—2015的要求。

（六）清洁田园

将残枝败叶和杂草清理干净，集中进行无害化处理。

第四节
非耕地日光温室茄子栽培管理技术

一、栽培季节与茬口

秋冬茬（秋延迟）：7月中下旬育苗，8月中下旬定植，12月底到次年1月中旬收获结束。

冬春茬（早春茬）：11月中旬育苗，2月上旬定植，5月底6月初收获结束。

越冬茬（冬生产）：8月上中旬育苗，9月上中旬定植，次年5月底收获结束。

二、品种选择

依据当地气候、消费习惯和市场需求确定品种。秋冬茬选择耐高温抗病毒品种；冬春茬和越冬茬选择耐低温弱光品种。

三、育苗

茄子育苗详见第六章阐述的茄子育苗技术。

四、定植

（一）整地施肥起垄

定植前清洁田园，高温闷棚5~7d，翻地深25cm，每亩施腐熟的优质农家肥8~10m³，有机复合肥100kg，有机腐殖酸复合肥100kg，深翻入土，混合均匀。起垄覆膜定植，垄宽70cm，垄距50cm，垄高25cm，垄上覆盖地膜。

（二）定植与苗期管理

茄子提倡小苗定植，垄上双行单株交错位定植，株距45~50cm，每亩保苗2000~2500株，定植时每株浇定植水1kg左右，秋季定植后3~5d浇缓苗水一次，冬春季定植不浇缓苗水。缓苗后进入蹲苗期，控水20d左右，促进根系生长控制地上徒长。秋季定植后要遮阴防晒，冬春季定植后高温缓苗。

五、田间管理

（一）温度和光照

调节风口，擦洗棚膜，保持室内白天28~30℃，夜间12~15℃，空气相对湿度40%~45%，以保温为主，科学揭盖棉被：晴暖天气早揭晚盖；晴冷天气早揭早盖；阴冷天气晚揭早盖；久阴乍晴回盖防晒。室内极限温度不低于10℃，不高于36℃，连续覆盖不超1昼夜。春季外界气温稳定在15℃以上，可以不盖棉被，风口全部打开，昼夜通风。

（二）水肥管理

施肥应符合NY/T 394—2021规定。定植前浇透底水，定植后控水蹲苗，全田70%门茄坐住，呈"瞪眼"状时始浇头水，以后每采收一次浇水一次，保持土壤湿润。结合浇水平衡配方施肥，以沼液和商品有机肥为主，两次水带一次肥，每次每亩冲施腐殖酸液肥或有机复合肥30kg配合10kg磷酸二铵和2kg尿素，中后期可叶面喷施0.1%腐殖酸液肥和复合微生物液肥2～3次。收获前30d停止追肥。

（三）植株调整与花果调整

茄子为假二杈分枝，常规栽培不需要整枝，在门茄"瞪眼"时摘除第一分枝下部藥枝，门茄采收时可摘除基部老叶，生长后期可摘除下部老化、黄化、病残老叶，以利于通风透光，冬春茬和冬生产等长季节栽培，要双干整枝，双干均需吊绳绑蔓。部分品种同一位置开两朵花，要摘除生长瘦弱的"附花"，保留一个正常生长的"主花"，以确保果实生长整齐、大小均匀，外观品质基本一致。

（四）病虫害防治

主要病害：猝倒病、灰霉病、褐斑病、枯萎病等。

主要虫害：白粉虱、蚜虫、斑潜蝇。

防治原则：按照"预防为主，综合防治"的植保方针，坚持"农业防治、物理防治、生物防治为主，化学防治为辅"的治理原则。

1. 农业防治

抗病品种：针对主要病虫害控制对象，选用高抗多抗品种。

生育环境：培育适龄壮苗，提高抗逆性；控制好温度和空气湿度，保证适宜的肥水，充足的光照和二氧化碳，通过放风和辅助加温调节不同生育时期的适宜温度，避免低温和高温障碍；深沟高畦，严防积水，清洁田园，做到有利于植株生长发育，避免侵染性病害发生。

耕作制度：实行严格轮作制度，与非茄科作物轮作3年以上。

科学施肥：测土配方施肥，增施充分腐熟的有机肥，防止土壤富营养化。

设施防护：大型设施的防风口用防虫网封闭，夏季覆盖防虫网和遮阳网进行避雨、遮阳、防虫栽培，减轻病虫害的发生。

2. 生物防治

天敌：积极保护利用天敌防治病虫害。

生物药剂：利用植物源农药如藜芦碱、苦参碱、印楝素等和生物源农药如齐墩螨素、新植霉素等防治病虫害。

3. 物理防治

温棚内运用黄板诱杀白粉虱、蚜虫和斑潜蝇成虫，每亩悬挂黄色粘虫板30～40块。

4. 主要病虫害化学防治

使用农药防治病虫害应符合NY/T 393—2020的要求。

（五）采收

茄子果实达到商品成熟时及时采收，产品质量符合NY/T 1055—2015的要求。

（六）清洁田园

将残枝败叶和杂草清理干净，集中进行无害化处理。

第五节
非耕地日光温室哈密瓜栽培管理技术

一、非耕地日光温室哈密瓜栽培技术

设施栽培技术的应用能改变新疆哈密瓜早春和秋延供应不足，满足市场需求，提高农民的经济收入，具有很大的推广应用潜力。

二、合理安排栽种季节

合理安排栽种季节是棚室栽培取得成功的关键。应该将哈密瓜开花结果期安排在最适合的时期，在吐鲁番、哈密以及南疆产瓜区，育苗播种期可选在1月中旬至2月初，2月中旬到2月底定植，5月初收获。而用于秋延迟的温室播种时间应在7月下旬至8月上旬，因温度较高采用遮阴直播方式播种，在11月中下旬收获。

三、品种选择

宜选择耐低温、耐弱光的哈密瓜品种。目前新疆日光温室种植宜选择适应市场需求的品种，亦可选择大果型哈密瓜类型品种，如金雪莲、9818（黄皮、绿皮）、绿宝石、金凤凰、雪里蕻、早醉仙、黄醉仙、西州蜜25号或其他皇后类型的黄皮红肉的早熟品种。品种的选择应经多次试验与市场需求和综合效益紧密结合起来。

四、培育壮苗

哈密瓜培育壮苗详见第六章中阐述的瓜类育苗技术。

五、定植

（一）定植前大棚温室准备

棚温地块选择：选择沙壤土质，土质疏松、肥力好，近4~5年未种过瓜类的土地。

（二）施足基肥、高畦栽培

大棚和日光温室栽植数多，为满足甜瓜整个生育期的营养要求，需一次性施用大量优质农家肥和化肥，结合深翻培肥地力。一般每亩底肥施用优质腐熟农家肥2t左右，配合施用NPK复合肥20~30kg，过磷酸钙10~20kg，氮肥5kg。结合施肥深翻土壤40cm。

大棚、日光温室栽培畦以高畦或高垄为主，单行种植行距约1.2m，株距40cm，起垄宽40cm，高20~30cm，瓜沟宽30~40cm。沟灌是在定植沟中浇足定值水或在暗沟中浇水，使水深达到10cm左右，然后将地膜铺平铺紧，有利于幼苗定植。

（三）适时定植

当棚室内地温达15℃以上、气温不低于18℃时，可进行育苗幼苗定植，适栽幼苗苗龄在30d左右，瓜苗发育至2叶1心或3叶1心时开始定植，定植时不要使营养钵内土坨散坨，以避免瓜苗根系受损而延长缓苗时间。可先向营养钵内浇水，然后将根系完全的带土坨苗移入预先挖好的定植穴内，用土轻轻压实后，浇足定根水，当天或第二天再复水一次，用细土围根将定植穴盖严。

大棚或日光温室哈密瓜栽培方式均采用立架栽培，立架栽培可提高种植密度，充分利用空间，提高产量。各品种种植密度因品种、植株长势、种植方式、整枝方式的不同而定。通常长势弱的早熟品种可密些，长势强的大果型品种可稀些，单蔓整枝可密些，双蔓整枝则应当稀一些。厚皮甜瓜单蔓立架栽培每亩1200株左右。

（四）水肥管理

大棚、日光温室栽培哈密瓜一般使用地膜覆盖高垄或高畦，并在定植时于畦间铺设滴灌管，连接供水系统。这种灌溉方法可提高地温、节约用水、有效降低空气湿度、防止病虫害发生和传播，同时可避免在外界温度较低时使用沟灌引起的地温降低。

（五）温度和光照管理

大棚日光温室栽培通常无人工热源，主要靠白天积蓄的太阳辐射能维持室内温度。在定植初期因为外界气温低，白天需要尽可能多的太阳辐射能，并维持哈密瓜生长发育的适宜温度范围，夜间则应多层严密保温，维持哈密瓜生长发育的温度低限。

大棚、日光温室光照管理，在有条件的温度情况下要延长光照时间，保持薄膜清洁，控制浇水量，适当通风降低湿度，提高光通量。有条件时可增设反光幕改善大棚温室的光照条件。

（六）植株管理

大棚、日光温室种植哈密瓜均采用立架栽培，整枝方式以主蔓一条龙整枝为主，双蔓整枝较少。主蔓整枝时保留主蔓，第十节以下的子蔓全部摘除，留10~15节子蔓结果，座果子蔓留2叶摘心，摘除无果的子蔓，一般选留一个发育正常的果实，主蔓长至第25~28节时摘心。后期整枝摘除坐果节以下部分老病叶，以利通风透光，减少病害发生。

大棚、日光温室栽培应及时整枝绑缚瓜蔓，立架栽培每隔4~5片叶绑缚一次，随瓜蔓生长及时将蔓盘绕在吊绳上。哈密瓜棚室栽培管理中整枝、理蔓、上架、绑蔓、吊瓜等作业均应及时进行，充分发挥棚室空间作用，增强光能利用率。

六、西甜瓜日光温室栽培技术

（一）播种时期

在新疆南北疆地区春季温棚早熟栽培中小型西甜瓜最佳的播种时期为1月下旬至2月中旬，秋季播种为7月中旬至8月上旬。

（二）育苗

西甜瓜育苗详见第六章中阐述的瓜类育苗技术。

（三）定植

1. 定植前大棚温室准备

田块选择：选择沙壤土质，土质疏松，肥力好，近4～5年未种过瓜类的土地。

深耕细作，施足基肥：一般每亩棚室施用2t左右优质腐熟农家肥，配合施用N、P、K复合肥20～30kg，过磷酸钙10～20kg，氮肥5～10kg。结合施肥深翻土壤30cm。

整地作畦：一般大棚温室立架栽培畦以高畦或高垄为主，单行种植行距约为1.2m，株距40cm，起垄宽40cm，高20～30cm，瓜沟宽30～40cm。沟灌是在定植中浇足定植水或暗沟中浇水，是水深达到离沟上部10cm左右，有利于幼苗定植。

大棚温室的爬地栽培，一般瓜沟间距2m左右，单面种植，单行种植行距约为2m，株距40cm/打瓜沟深20～30cm，沟深40cm左右，畦面可做成龟背形成斜坡形。

2. 定植时期

定植前15～20d，应盖好膜，以提高地温和棚室内气温。当棚室内地温达18℃以上，气温不低于15℃时，即可进行幼苗定植。一般在2月下旬至3月上旬定植。

3. 栽植密度

低爬栽植一般双蔓整枝的亩栽600株左右；立架栽培1200株。

（四）定植后管理

1. 整枝理蔓

立架：整枝方式，一般采用双蔓或三蔓整枝。双蔓整枝常为在主蔓上从5～7节叶腋处选留1条粗壮的子蔓，其余杈，蔓完全摘除。不论采用哪一种整枝方法，都要及时绑蔓，因温室的高度有限，而西甜瓜蔓的长度远远超过温棚的高度，因而帮蔓时要采取"S"形帮法，尽量降低植株的高度，使生长点排列在南低北高一条斜线上，以利受光。

西甜瓜双蔓整枝第1雌花坐瓜多畸形、个小、皮厚、商品价值低，第4雌花以后的瓜，又因距根系太远，水肥供应差，易出现偏头。故以第2和第3雌花结的瓜最好。西甜瓜爬地栽培整枝方式和立架相同。

2. 温度管理

定植后1周内温棚一般不通风，白天温度保持在25～30℃，夜间最低温度不低于15℃。如晴天午后棚温超过40℃时，为防止高温烧苗和徒长，前期可开门或背风一端开口通风降温；后期气温继续升高，可将大棚前后两边边膜卷起通风降温。

3. 肥水管理

已施足基肥的地块，一般坐瓜前不施追肥，当幼瓜长到鸡蛋大小时，应视瓜苗长势适当追肥膨瓜肥，膨瓜肥宜采用速效肥料，一般每亩施复合肥15∶15∶15（质量比），20～30kg，这些肥可分成两次施用，每次施用量视当时长势而定，间隔时间为5～7d。另外可喷施叶面肥，如磷酸二氢钾1/1000浓度，瓜成熟前10～15d追施硫酸钾10～20kg，可提高瓜的品质，增加糖度。

4. 授粉，留果

宜选择主蔓第2朵雌花或子蔓第1朵雌花进行人工辅助授粉，授粉时间应选在早上8～10时，授粉后3～5d检查结果是否坐住，未能坐住的可在主蔓第3朵后子蔓第2朵雌花上再进行授粉。当幼果长到鸡蛋大小时，要及时疏果，选留符合品种特性的幼果，并疏去歪瓜、病瓜。

5. 适时采收

采收应根据不同品种和不同的授粉日期，并按实际成熟度来决定。一般早期坐的瓜在授粉后35～38d成熟，中期坐的瓜在授粉32～35d可以成熟，而后期坐的瓜在授粉后仅28～30d即可成熟。

第六节
非耕地日光温室果树栽培管理技术

一、设施栽培条件下果树生长发育规律

（一）设施油桃果实生长发育规律

以日光温室栽培的早熟油桃中油4号为调查对象，果实发育期开始定期测量果实的纵横径，直至果实成熟，绘制出果实发育曲线。

温室栽培的早熟油桃品种中油4号，自落花后果实便迅速发育膨大，直到果实成熟，基本保持较快的发育速度。果实纵横径的生长基本趋于一致，直到果实成熟前，其纵径的增长始终比横径的增长速度要快。在果实发育的过程中，各个发育阶段表现出不同的生长节奏，呈现出明显的"快—慢—快"的双"S"形增长曲线，有一个明显的缓慢生长期。

在落花后10d左右，幼果开始快速膨大，纵横径增长都很快，这种快速增长趋势持续20d左右。此后进入缓慢生长期，田间观察也可看出果实在10~15d的时间里，大小无明显变化。切开幼果可以观察到，种仁明显增大，果核逐渐硬化。此后，果实纵横径增大很快，又进入了快速膨大阶段，直至成熟，果实的大小几乎比硬核前增大一倍，果实质量增加近两倍，由此可见，这是产量形成的关键时期。这一时期出现在果实成熟前的20~25d。

温室栽培的早熟油桃，其果实发育期一般在3月上中旬至5月上中旬，比露地栽培提前两个月左右，此时地温较低，根系吸收能力有限，为保证坐果及果实发育对养分的需求，除提高温室土壤基础肥力外，应加强叶面施肥，每7~10d一次，连施4~5次。同时，分别在落花后15~20d和果实成熟前20d，各保证一次灌水和施肥，以促进果实的快速发育。为提高产量，在硬核期应增施钾肥，以增大果个，增加产量，促进着色和成熟。

（二）设施桃树采后回缩修剪，再生树冠生长规律

随机选取长势相当的主干形和开心形桃树各1株，品种为中油4号。在果实采收以后进行回缩修剪，不同树形的回缩修剪的方法相同，对所有结果枝组都进行回缩，根据空间大小确定枝条是否选留，对选留枝条基部留2～3个方向好的芽重短截，背上直立旺长枝要及时疏除。修剪后定期调查5cm以上枝条的数量和长度。

相同的回缩修剪方法，开心形树体5cm以上枝条的数量始终比主干形树体枝条数量要多，开心形树体5cm以上枝条平均长度始终高于主干形树体，这说明开心形树体回缩以后枝条萌发的数量比主干形多，而且枝条的生长量大，开心形树体对回缩修剪的刺激反应更为明显。

从两种树形回缩后枝条恢复情况看，回缩后10d内枝条数量的增长相对较慢，回缩后20d枝条平均长度都增加不明显。从10～30d时，回缩后萌发出的枝条数量开始明显增加，而从回缩后的20～40d，萌发出的枝条进入快速生长阶段，此时期即为回缩修剪以后枝条恢复生长最快的时间段。回缩修剪30d后枝条数量增加减缓并逐步稳定，40d后枝条生长减缓并逐步稳定。因此，不论主干形还是开心形在树体回缩修剪以后40d，树冠基本恢复稳定。

2种树形的枝条平均长度在增长到15～25cm，就有一个明显的减缓趋势，主要原因是7月8日进行了多效唑化控，促进花芽形成。化控后枝条的加长生长被抑制，加粗生长开始明显，平生枝、斜生枝、直立枝条都有这个趋势。根据化控后枝条的反应，在8月10日之前共进行了3次化控，化控的同时应及时补充叶面肥，为枝条生长充实及花芽分化打好基础。南疆日光温室桃树在采后回缩修剪后的40d内，新生枝条处于快速生长期，这段时间一般都在6～7月份，天气较干旱。因此，此时期至少要浇水1～2次才能保证树冠的再生生长。

二、日光温室果树栽培管理技术

（一）设施果树控冠促花调控技术

设施桃树栽培往往采用高密度栽培方式，加之温室温度高、湿度大、水肥条件好，树体容易旺长，控制树冠、促进成花成为温室果树早果丰产的关键。目前，果树化控以叶面喷施多效唑为主，因为多效唑的化控效果与环境条件和栽培水平有密切关系。应明确日光温室桃树化控技术，以指导温室果树的化控。

以温室二年生油桃幼树为试材，品种为丽春，化控药剂PP333采用江苏建湖农药厂生产的15%多效唑可湿性粉剂，进行叶面不同喷施时期、不同施用浓度化学调控试验。

多效唑化控方法试验共设三个处理方案：①喷施300倍稀释液；②喷施200倍稀释液；③喷施100倍稀释液。各处理均在7月初开始第一次喷施，每隔15d喷一次，共喷施3次。以不施多效唑者为对照。

每两行为1个处理小区，两次重复，随机排列，其他管理措施相同。自化控开始，定株定枝调查枝条生长成花情况。在树冠不同部位，每处理选定10个新梢，挂牌定枝，每10d调查一次新梢长度、粗度（基部5cm处）；顶芽形成后调查其节间长；秋季落叶后，调查各处理枝条的花芽类型、成花枝率、单枝花芽量。

调查结果表明，在温室油桃旺盛生长的6月中下旬，开始叶面喷施15%多效唑200倍稀释液，可明显地抑制枝条生长和二次枝发生，减少夏季修剪次数和工作量，促进幼树成花，提高枝条成花比率和花芽质量。在6月中旬至7月中旬，温室油桃旺盛生长期，施用越早，控长促花效果越明显，各处理新梢长度控制在50~70cm，比对照减少17.9%~37.8%，节间缩短16%~28%。成花节位明显降低。在温室油桃旺盛生长的6~7月份，不论第一次喷施时期的早晚，多效唑对新梢生长的抑制效果均在喷施20d后开始显现，新梢生长逐渐减缓，直至停止生长，形成顶芽。

不同喷施时期对温室油桃成花和第二年结果有明显的影响。施用时期越早，枝条的花芽量就越多，枝条上的花芽比率越高。以6月20日喷施处理的最高，三年生单株花芽量达到了1850个，单株产量达到9.45kg，较对照单株产量提高43.6%；其他喷施处理单株产量也较对照明显提高。

温室二年生油桃于7月初喷施不同浓度的多效唑，均可明显地抑制枝条生长，促进树体成花。在7月初喷施，浓度越大，控长促花效果越明显，各处理新梢长度控制在50～60cm，比对照减少20.8%～36.2%，并可显著提高翌年的产量。喷施浓度越大，抑制生长、促进成花的效应越明显。但从翌年的结果情况看，以喷施200倍稀释液，单株产量最高。

日光温室桃树要实现早果丰产，必须在水肥管理前促后控的基础上，采用多效唑化控，幼树以叶面喷施为宜，喷施的适宜时间为6月下旬至7月中旬，用15%多效唑300～200倍稀释液，每15～20d喷一次，连喷2～3次，可促进温室桃树成花，提高第二年的产量。

（二）设施果树栽培环境调控技术

1. 温度

在设施桃树果实发育期，选择典型晴天、阴天对温室内外温度日变化进行测定。结果表明，无论晴天、阴天，温室内温度都是随室外温度的变化趋势而变化。温室内温度在10:00左右达到最低值，11:00以后温度开始回升，14:00～17:00达到最大值，17:00以后温度开始缓慢下降。需要注意的是，晴天中午的外界温度明显较阴天中午外界温度高，为防止温室内温度快速升高到30℃以上，需及时打开棚膜来降低温室内的温度，必要时对流放风。下午外界温度降低时及时关闭棚膜。这些措施能够人为控制棚内温度处于桃树光合作用的最适范围。

2. 光照

在桃树果实发育期间的典型晴天、阴天对设施内外光照强度日变化进行测定。结果表明，无论晴天、阴天，温室内光照度都是随室外的变化趋势而变化。温室的覆盖物使温室光照度减弱，透光率为60%～80%。晴天外界光照度大，中午在60~70klx，温室内40~55klx；阴天外界光照度明显降低，中午在30~45klx，温室内25~35klx。温室内的光照度与桃树光合作用有直接关系。光和数据表明，阴天桃树全天净光和速率平均值低于晴天。这说明，在阴天情况下，光照度对光和速率有直接影响。同时，光照度能够影响棚内温度、湿度、叶片气孔开放，从而影响光和速率。因此，设施栽培条件下，可采取选用透光性能好的覆盖材料，利用反射光等方法来改善棚内光照状况。

3. CO_2浓度

在桃树果实发育期间的典型晴天、阴天对设施内外CO_2浓度日变化进行测定。结果表明，室外CO_2浓度全天基本稳定在400cm^3/m^3左右。在温室内，夜间桃树光合作用停止，土壤有机质分解和桃树呼吸作用释放CO_2，使棚内CO_2浓度不断积累升高，在早晨揭棉被前达最高值750~800cm^3/m^3。晴天早晨揭去棉被后，CO_2浓度由于光合作用强，消耗温室内的CO_2更多，CO_2浓度迅速下降到全天最低点320cm^3/m^3，阴天最低值为401cm^3/m^3。中午温室通风后，CO_2浓度开始缓慢恢复，但始终低于外界。因此，人工增施CO_2气肥是提高温室内CO_2浓度、促进果树光合作用的有效途径。

温室内的光照、温度、湿度、CO_2浓度等生态因子对果树光和速率都不是单一的影响，各环境因子的协同作用影响了桃树的光合作用。提高桃树的光合作用必须使各个因子都处于一个适宜的范围。因此，在桃树果实发育期，温室内的温度应控制在20~30℃，否则不利于树体进行光合作用，超过30℃的高温还有可能造成落果进而影响产量。桃树是喜光作物，应该采取多种措施改善温室内的光照条件，如改善覆盖材料增加透光率、合理利用反射光等。温室相对密闭的环境使得白天树体光合作用消耗的CO_2不能迅速补充，通过人工增施CO_2气肥等方法提高温室内CO_2浓度是促进树体光合速率的有效途径。

（三）设施桃树优质高效栽培技术

1. 品种选择与授粉配置

以丽春、中油4号、中油5号、超红珠为主栽品种，每两行交替栽植。

2. 树形配置

日光温室桃树整形选择主干形与开心形相结合配置方式，温室前部采用开心形整形方式，温室中后部采用主干形整形方式，以充分利用温室有效空间，提高产量。

3. 整形修剪

桃树整形修剪采取生长期修剪、休眠期修剪和采后回缩修剪相结合的方式。生长期修剪主要采用抹芽、摘心、疏枝、拉枝等方法，在新梢生长到5～10cm时，抹去密生枝和双芽枝；新梢长到30～40cm时反复摘心，至6月中下旬止；疏去过密的新梢和旺枝、徒长枝，打开光路，控制旺长，改善树冠通风透光条件；对生长直立及方向不正的枝条进行拉枝缓放，促进成花。休眠期修剪是在温室升温至萌芽前进行，主要是采用缩剪、疏剪、短截等方法，对主干和主枝延长枝中度短截，结果枝缩减至花芽多而饱满的部位，疏除过密、重叠、细弱的枝条，无花芽的枝条全部疏除，使结果枝间距保持20cm左右。采后回缩修剪在果实采收以后进行，主要采用重短截方法，对温室内生长的枝条，除暂时保留少数下垂枝和弱枝外，其余的在基部留2～3个叶芽重短截，促发新梢，形成再生树冠，保证翌年结果。

4. 水肥促控

在整个生长期中，采取前促后控的管理措施，一般在每年7月上中旬，水肥管理以"促"为主，加快树体生长与成形；以后则以"控"为主，控制营养生长，促进营养积累与成花。当年定植的小树，控制时间可适当推迟至7月下旬。

5. 多效唑化控

于6月下旬到7月上旬开始，采用15%多效唑150～200倍稀释液，对温室桃树进行叶面喷施，15～20d喷施一次，根据树体化控效果，连喷2～3次，以控制桃树营养生长，促进营养积累和花芽形成。

6. 扣棚升温时期

根据设施类型和保温条件来确定适宜的升温时期。一般具有保温棉被的日光温室，适宜的扣棚升温时期为12月下旬至第二年1月初；无保温棉被的日光温室，适宜的扣棚升温时期为第二年1月中旬；大棚桃树适宜地扣棚升温时期为第二年1月中下旬。

7. 设施温湿度管理

温室桃树扣棚升温至开花期是温湿度管理的关键时期，升温时温度应缓慢逐步提升，并采取温室地面用地膜全面覆盖，促使温室地温与气温同步提高，以保证花芽的发育，特别是要防止温室升温过快，温度过高。开花期要求夜间温度不低于10℃，白天最高不超过25℃，最适为15～22℃，空气湿度控制在50%～65%，主要通过打开温室顶部的通风口通风换气，降温排湿，调控温湿度和室内气体。

8. 辅助授粉和疏果

采取人工点花、放蜂等进行辅助授粉，以放蜂授粉效果为好。温室内可释放熊蜂、壁蜂、蜜蜂等进行桃树授粉，一般在温室桃初花期，50～80m长的温室释放一箱熊蜂或蜜蜂，就可保证桃树有效授粉，明显提高坐果率，减少畸形果。在落花后20d进行疏果定果，疏去畸形果、病虫果、双果、小果和无叶果枝上的果，选留果枝两侧、向下生长的果。一般长果枝留3～4个，中果枝留2～3个，短果枝留1个或不留。一般树冠大多留、树冠小少留；树冠中上部多留，树冠下部少留。二年生树留30～80个，三年生以上的树留果量为60～120个。

9. 采后回缩

每年果实采收后，采用中短截方法，对温室内生长的新梢，除暂时保留少数下垂枝和弱枝外，其余的在基部留2～3个叶芽进行重短截，促发新梢，形成再生树冠后，再将保留得下垂枝和弱枝疏除。重剪后及时灌水施肥，以尽快恢复树势，形成再生树冠。

10. 病虫害防治

每年秋季及时清除枯枝落叶、深翻树盘、剪除病虫枝叶果烧毁或深埋、秋季药剂刷干涂白、萌芽期树体喷施3°Bé石硫合剂等措施抑制或减少越冬病（虫）源。早春采用病斑刮治和治腐灵刷干，防治腐烂病。春季芽膨大期喷施一遍吡虫啉，并用熏蒸防治蚜虫、红蜘蛛。在坐果及果实发育期细菌性穿孔病发病初期用大生M-45加水合霉素叶面喷施防治。利用梨小食心虫性引诱剂在各代成虫羽化期进行诱杀防治，并结合各代幼虫始发期，采用高效低毒杀虫剂叶面喷施，有效防治梨小食心虫。

（四）设施葡萄优质高效栽培管理技术

1. 温度管理

（1）打破休眠温度管理及打破葡萄休眠技术　葡萄从升温开始到萌芽要求≥10℃的活动积温为450～500℃，从1月1日逐渐升高棉被的高度，大概30～40d葡萄即可萌发。加温温室在2月初萌发，不加温日光温室在2月15日左右萌发。揭棉被升温第一周，设施内白天保持20℃左右，以后逐渐升高到萌芽时白天保持28～30℃，夜间15℃。

打破休眠，提早萌芽是设施葡萄栽培的关键技术之一。一般认为葡萄冬季休眠的需冷量约为7.2℃以下400～600h，由此推测吐鲁番市葡萄结束自然休眠的日期在12月下旬左右。石灰氮对打破葡萄休眠有着很好的效果，根据葡萄的树势选择的石灰氮浓度为15%～20%，不能超过20%，浓度太高就会产生药害，具体操作步骤如下。

①涂抹时间：1月10日用15%～20%石灰氮澄清液涂抹葡萄冬芽（葡萄发芽前1个月左右）。

②配制方法：用50～70℃温水缓缓倒入石灰氮中，立即搅拌，容器加盖浸泡2h以上，自然冷却后即可使用，不宜用冷水浸泡。

③涂抹方法：用小的刷子，将药液涂在枝芽上，边涂边搅拌水液。

④防止中毒：石灰氮是黑色粉末，带有腥臭味，使用时戴上口罩，防止中毒。

（2）萌芽期和花期温度管理　2月18日前后，新疆鄯善地区的阳光辐射已达到很强，外界温度也逐渐升高，通过一段时间的升温后葡萄已开始发芽。棚内在不通风的状况下极端高温可达到35℃，这时通过分点逐次通风的方法，降低棚内的温度，防止葡萄因温度过高徒长。新梢生长期温度控制在15～28℃。

当日平均气温上升至20℃以上时，葡萄即进入开花期。温室葡萄的开花期需要15d左右的时间，比露地要长5～7d的时间。葡萄的日开花动态决定于温度和湿度的综合影响。当温度在20～25℃、相对湿度在56%～77%是葡萄日开花最适宜的气候条件，开花时温度控制在18～30℃。

（3）坐果后温度管理　葡萄坐果以后注意白天的高温现象，当棚内温度超过35℃时就要放风降温，夜间可揭开部分棚膜通风，降低夜温有利于营养积累，促使葡萄早熟。

（4）地温管理　在葡萄升温同时，在栽培沟铺设旧棚膜。通过观察比较可知铺膜的地温比没有铺膜的地温高1.5～2℃，有利于根系提早活动，葡萄提前萌发。

2. 湿度管理

在设施内温度较高的条件下，湿度过大易发生徒长，湿度过低易落花落果，甚至灼伤叶片。因此，在葡萄生长发育的不同时期，湿度要与温度管理相配合。如葡萄萌芽期需水量较大，新梢生长期为防止徒长，利于花芽分化，要控制灌水，注意通风；开花期为保证开花授粉要停止灌水，使空气湿度保持在50%左右；浆果生长期小水勤灌，每周1次，以促进果粒迅速膨大。果实成熟期要控制灌水，以利于提高糖分、加速着色，避免裂果。落叶修剪后，为防止冻害和早春干旱，要灌1次越冬水。

（1）利用合理的灌溉方式　整个项目的温室灌溉都采用滴灌的灌溉方式，避免了大水漫灌造成的温室湿度过大，在节水方面比沟灌节约30%的用水量。在前几年总结的栽培管理中，花期一定要控制好湿度，在花前5～6d浇一次水。花期控水，营造一个高温、干燥的气候环境，有利于葡萄开花，且不易感染病害。

（2）通风换气　在棚膜的覆盖中，采用三块棚膜覆盖，最上面块为天窗膜1.5m宽，中间一块为8m宽的大膜，最下的是一块2m宽的围腿膜。在葡萄萌芽期时和新梢生长期主要通过下边的围腿膜调节温度和湿度，当后期温度逐渐升高后，天窗膜和围腿膜一直打开，相对湿度可控制在30%～70%。

3. 温室葡萄新梢管理

由于设施内的高温、多湿、光弱等环境条件特点，对设施栽培葡萄的管理主要是防止新梢徒长，改善光照条件。为此除对温湿度和氮肥使用量严格控制外，对树势弱的植株和品种要及早抹芽和定枝，以节约树体储藏养分；对生长势强的品种和植株要适当晚抹芽和晚定枝，以缓和树势，最后达到棚架每平方米架面留10~16个新梢。设施内葡萄的摘心和副梢处理与露地基本相同。

4. 果穗管理

（1）红旗特早的果穗管理 该品种特点是极早熟、着色快，但缺点也很明显，是大小粒比较严重，原因主要是坐果率高，小果粒没有落掉，成熟时对葡萄的商品性影响很大，需要在葡萄果穗能够明显发现大小粒时及时地疏掉小粒，给保留下的果粒足够的生长空间。

（2）火焰无核的果穗管理 产量控制：两年生产量控制在1t以内，成龄葡萄产量控制在2.5t以内。产量过高，会影响到葡萄的成熟期和品质以及第二年的产量。

赤霉素的应用：花前一周喷15mg/kg赤霉素，在果粒膨大期喷40mg/kg赤霉素。可起到明显增大果粒的效果，商品性得到了很大的提高，而且对含糖量影响不大。

果穗修剪：根据火焰无核品质的要求，单穗重控制在400~450g，把穗尖的部分果粒疏除，然后把畸形果、小果粒疏去。

树体环剥：环剥能暂时阻止树体营养下移，把光合产物积累在环剥口的上部。环剥的时间在花后20~25d。

5. 病虫害防治

在病虫害防治方面，坚持预防为主、综合防治的方针。新疆鄯善地区温室的病害主要有灰霉病和白粉病，虫害有叶蝉、红蜘蛛和白粉虱。

加强栽培技术管理，提高树体抗病力合理的株行距和架势、整形修剪技术，在生长期严格执行各项枝蔓管理技术和花果管理技术，使架面通风透过良好，严格控制结果量，保持树体健壮。

休眠期喷洒石硫合剂，在葡萄休眠期11月底至12月初，和揭棉被升温期（即1月20日）喷3°Bé石硫合剂。

经常性保护措施：新梢生长期每隔7～10d用烟熏剂棚杀和速克灵熏棚，主要防治灰霉病，白粉病和红蜘蛛；坐果后是葡萄白粉病最易发生的时期，为了加强预防效果，采用科博600～800倍稀释液，25%粉锈宁800～1000倍稀释液；3月20日在发现少量的叶蝉的温室挂置黄板，这时主要是叶蝉的成虫阶段，减少了叶蝉成虫口数对叶蝉的防治工作大大有利；修剪下的枝条和叶片及时地清除，病果和病叶集中销毁，保持设施内的清洁。

6. 整形修剪

株距为60～65cm，采用一条龙整形方法。定植当年每株选1个生长健壮的新梢作为主蔓，将其引敷到立架面上，当长到1.5m以上时摘心，顶端1～2副梢留5～6片叶反复摘心，其余副梢抹除。冬剪时，每条主蔓剪到成熟节位。第二年春萌发后，每条主蔓上选一个强壮的新梢作为延长梢，当其爬满架后摘心，控制其延伸生长，其余新梢保留结果。冬剪时在主蔓上每隔15～20cm留一个结果木枝并各剪留2～3个芽，多余的剪除。第三年春萌发后，每一母枝至少保留2个结果新梢，多余的新梢抹除。如主蔓未爬满架，仍继续选健壮新梢作为延长梢。冬剪时，在主蔓上每隔25～30cm选留一个枝组，每个枝组上留2个母枝，母枝仍留2～3个芽。以后各年主要是枝组的培养和更新，修剪的基本方法与露地栽培葡萄相同。

第八章

非耕地日光温室果蔬
生产自动化技术

设施农业是通过采用现代农业工程和机械技术，改变自然环境，为动植物生产提供相对可控制甚至最适宜的温度、湿度、光照、水肥等环境条件，而在一定程度上摆脱对自然环境的依赖进行有效生产的农业，有时也将其称为可控环境农业，具有高投入、高技术含量、高品质、高产量、高效益等特点，是最有活力的农业新产业。广义设施农业包括设施栽培和设施饲养，狭义设施农业一般是指设施栽培。本研究项目涉及的设施农业是狭义设施农业，即设施栽培，其可充分发挥作物的增产潜力，增加产量，改善品质，并能使作物在非应季时节生长，在有限的空间中和相对较少的时间里生产出高品质的作物。

设施农业机械，是指适合设施农业耕作、栽培、收获等农艺特点，并在各类设施中工作的农业机械。国外设施农业起步比较早，作物栽培已具备了成熟成套的技术，设施农业机械及作业设备也齐全，生产比较规范，具有产量稳定、质量保证性强等特点，并在向高层次、高科技和自动化、智能化方向发展，将形成全新的技术体系。为适应设施农业的发展，荷兰、日本、韩国、美国、以色列和意大利等国家加强了设施农业作业机具的开发、研究、推广和应用。目前其温室生产过程中的耕整地、播种、间苗、灌溉、中耕和除草等作业均已实现机械化。其开发的耕耘机可以在温室中进行耕整地、移栽、开沟、起垄、中耕、锄草、施肥、培土、喷药及短途运输等多种作业，大大提高了机械利用率和生产效率。

第一节
生产作业机械

一、发达国家设施农业作业装备发展现状

发达国家的设施农业机械和作业装备已经具有很高的发展水平，作业机具

已经是非常成熟的产品，制造工艺讲究，性能质量稳定，因此具有很好的生产效果。

（一）土壤耕整机械

设施农业比大田农业对作物土壤的要求更高，要保证良好的翻土、碎土性能，耕后地表残茬、杂草和肥料应能充分覆盖；耕深要一致，作业深度达到农艺要求；土壤细碎，地表平整，表层松软，下层密实。这就要求小型耕耘机械对作物土壤进行作业，提高土壤团粒性、渗透性和保水性，加深有效表土，使作物根系发育旺盛，促进作物生长。

耕整地是设施农业生产作业中的重要环节，对设施农业作物要求更高，需要精耕细作，这就要求研制小型多功能的作业机具，而且机具应该具有灵活方便、污染较小的特点。

国外设施农业耕作机械技术已经非常成熟，作业性能稳定，功能齐全，小巧轻便。日本、意大利、荷兰和以色列等国家的产品广泛用于旋耕、犁耕、开沟、作畦、起垄、中耕、培土、铺膜、打孔、播种、灌溉和施肥等作业项目。但进口机型价格高，而且配件不全，维修服务跟不上。

目前国外有许多生产小型耕耘机的公司，例如专门生产小型拖拉机的美国某公司，生产的自走式旋耕机，直接由底盘驱动轴带动，机体质量全部压在旋耕刀片上，刀盘直径为35.5cm，耕幅为30.4~66cm，传动形式为链传动和蜗轮蜗杆传动两种形式口，功率为3.68kW左右，适于花圃、菜园、温室等小地块作业。不进行旋耕作业时可换上轮子佩戴其他农具，如翻转犁、除草铲、中耕铲、齿耙等作业机具。意大利某公司生产一种单轮驱动轴旋耕机，动力为3.3kW汽油机，单机质量为40kg，适于菜园、花圃中耕作业，一次完成旋耕培土两项作业。该公司还生产7.36kW多用自走底盘，由驱动轴佩戴旋耕机完成田间旋耕作业，换上轮胎后又可完成犁耕、运输、喷雾等作业。

日本和韩国的蔬菜育苗、种植、田间管理收获、产品处理与加工等工序都已经实现机械化。机具具有精小、耐用的特点，使用起来轻松自如。例如日本生产的适于温室作业的带驱动轮行走式旋耕机和韩国生产的万能管理机，一台主机可佩戴40多种农机具，可用于农田作业，也可用于果树低矮树枝下、温室大棚等地块作业。

美国、日本、韩国等国家的小型耕耘机多以8kW的汽油机为动力，为减少对室内的空气污染，研发了用电动机作动力的小型自走式旋耕机。日本还研制出了多种小型电动除草机，不仅能在花圃除草，还能在温室内进行中耕作业。

（二）配套栽培机械

1. 移栽机

设施内钵苗栽植技术的关键是钵苗移栽机，配套机械主要有穴盘育苗及钵盘育苗设备、高效机械化制钵机等。移栽机能保证移栽深浅一致、间距均匀，有利于作物成活和生长，促进高产。

温室设施栽培包括耕耘、育苗、定植、收获、包装等，作业种类多；而且像摘叶、防除、搬运等作业需要反复进行，需要投入大量的劳动力，又由于设施内高温、高湿等不良劳动环境，所以非常需要发展作业的自动化。目前蔬菜、花卉和苗木生产的数量不断增加，育苗中移苗工作需要很多劳动力，而人工成本不断上升，便由此发明了机器人移苗机，用于设施内作物的栽培及育苗工作。进行大量的株苗移栽的繁重劳动，对机器人是轻而易举的。它通过本身安装的光学系统能辨别好苗与坏苗，具体操作的时候便可以把好苗准确地移栽到预定的位置上，把坏苗扔到一边，而且能够保证移栽深浅一致，间距均匀，有利于作物成活和生长，促进高产。这种机器移苗机还能根据光反射和折射的原理，准确地测定植物需水量，进行灌溉的控制。为此，一些发达国家也进行了相关种苗的特性、优质种苗的选择、间苗方法等基础技术的研究。德国、意大利等国的小型移栽机广泛应用于设施内作物的栽培，动力均为4.41kW的汽油机。

2. 穴盘播种成套设备

设施农业需要小型精密或精量播种机，要求行距、穴距及播深可调，且控制准确，能适应设施内的作业要求，可以降低劳动强度，提高生产率，有利于培育健壮的钵苗。

设施农业发达国家研制的穴盘播种机播种精度高，能满足播种时行距和穴距可调的要求，且控制准确，能适应设施内的作业要求。与钵盘育苗播种成套设施配套的高效机械化制钵机生产率达5万钵/d时，可依次完成钵盘装土、刮平、压窝、播种、覆土和浇水等多道工序。穴盘苗生产是当今世界种苗领域的一项高新技术，采用计算机仿真控制技术，使种苗在最佳状态下正常或反季节生产，而且品质优良。设施农业发达国家早已应用此项技术，穴盘苗广泛应用于蔬菜、花卉、绿化苗木的规模生产中。

3. 其他机械

与耕作及栽培有关的配套设施农业机械还有地膜（残膜）回收机、农作物嫁接机等。机械回收残膜有利于降低劳动强度，提高生产率，保护设施内土质，符合环保要求。合理嫁接可培育优良品种，生产名优产品，提高设施效益。目前这些配套机械的研制处于起步试验阶段。

蔬菜的食用部分有根、茎、叶、花、果实和种子等，大多鲜嫩多汁，不同品种外形和部位差异很大，一般收获机械很难通用，因此，需要根据不同品种研制专用机械化装备。目前，发达国家在块根（茎）菜、叶菜、葱头和加工用果菜以及西瓜、橘子等水果的收获中已基本实现机械化，技术发展趋势是逐步提高选择性收获机械使用的比例，使得收获过程减少浪费，具有更好的经济效益。

设施农业作物不像小麦、玉米有固定的成熟期，一年内有多个收获期，劳动强度非常大。为减小人员的劳动强度，一些国家研制了作物收获机械。例如韩国研究了一种采摘番茄的机器人，通过机器人的识别系统判别颜色，能以果实红色的深浅度分辨番茄的成熟度，有选择地摘取成熟果实；日本也研制出了收获樱桃的机器人，但这种机器人的反应较慢，动作笨拙，离形成产品还有较长的路要走。

二、我国设施农业机械及作业装备发展现状及趋势

由于我国设施农业起步较晚，相比之下，设施农业机械及装备发展较慢。荷兰、美国等发达国家对温室中的作业机具进行了系统的开发、研究、推广和应用，许多作业项目已经实现了机械化。

（一）温室作业、栽培机械设备

1. 温室耕整地机械

针对温室耕作的特殊环境，各种微耕机应运而生。这些机械一般具有三种功能，即整地、管理和收获。

整地功能：可以实现旋耕、犁耕、培土、开沟、作畦、起垄作业。

管理功能：可实现中耕、喷水、喷药、施肥、除虫、除草等作业。

部分旋耕机械具备收获功能。

它们多配套36～52kW柴油机或汽油机，具有体积小、质量轻、能耗低、噪声小、行走灵便的特点。针对温室、大棚特殊的耕作环境，国内陆续引进和研制生产了一些小型耕作机械，可实现犁耕、旋耕、开沟、作畦、起垄、喷药等作业，部分机型还具有铺膜、播种等功能。这些耕整机械具有体积小、质量轻、操作灵活的特点，扶手可做360°旋转，垂直方向可做30°调整，耕深可达20cm，工作效率667～1334m²/h，基本满足了温室耕整地的要求。台湾生产的小牛系列耕整机，功能齐全，性能稳定，质量可靠，采用汽油发动机，减少了机械作业对产品的污染，在北京建立分厂后，机械价格有所降低，具有很好的推广前景。

我国设施农业机械的配套水平不高，特别是大棚内各种栽培方法所需作业机具有些还是空白，而大棚内的耕作机械更是用户急需的，但现有产品的机型不多，应用不普遍，多借用现有的露地用小型耕耘机械，适应性差，生产效率低，作业质量差。有的机械则是针对温室、大棚及果园等特殊耕作环境试制生产的，如青岛41型园艺拖拉机配套功率2.94kW，耕深12cm，最大耕幅80cm，

生产率0.147hm²/h，自重160kg；蓝天耕整机以小块地、大棚、丘陵作业更显特色，适于水田、旱地犁耕及旋耕。但是由于产品存在一些问题，均未能很好地推广。

目前，我国生产的耕作机械配套动力大多在2.2～59kW，其中以44kW较多，发动机有柴油机和汽油机之分，均采用强制风冷式。YFwG-F600型万能耕作机，采用小型风冷柴油机为动力，双向转向离合器，操作力方便，进退自如，不仅可以在大田进行多项作业，还适宜在棚室、坡地、作物行间等复杂环境中使用。国产耕整机械配套动力大都在10kW以下，而机身质量则在100kg以下，作业最大的特点就是趋于多功能作业，只要换上配套机具就能进行多种作业。

2. 育苗机械与设备

温室内种植的作物常采用先育苗再分植移栽的种植模式，特别是名特品种，育苗是设施化种植的关键一环。现代化大型连栋温室基本采用穴盘育苗及钵盘育苗，然后分植移栽，但采用钵盘育苗播种成套设备生产率高达5万钵/h，需要规模化、区域化种植。现在国内已经有很多厂家生产温室配套设备，育苗设备已经很普遍，育苗穴盘和育苗钵的规格和形态也多种多样。

3. 播种机械与设备

目前，播种机械有条播机、蔬菜起垄穴播机、精量播种机、种子带播种机等，使用时根据所选作物选择适用的机型。该类机械具有省种、省工、发芽率高、出苗整齐、作物行间距合理、通风透光性能好、产量高等特点，因此，广泛地应用于设施农业园艺栽培中。

国内现在生产的穴盘播种机还处于起步阶段，还不能满足需求。国产穴盘播种机主要采用真空吸附式播种器，但播种精度不高，不能满足播种时行距、穴距的要求。因此急需开发小型精密或精量播种机，要求行距、穴距及播深可调，且控制准确，能适应设施内的作业要求。

4. 移栽机

移栽机主要用于秧苗的定植，可对作物钵苗和无钵苗进行栽植，一次作业可完成开沟、栽苗、覆土和镇压等工序，有些机具还可自带浇水装置，在栽苗后立即浇水。国外一些栽植机械正在向自动化方向发展，国内引进的一些机械也在向国际水平靠拢。移栽机能保证移栽深浅一致，间距均匀，有利于作物成活和生长，促进高产。

（二）卷帘机械

温室卷帘机根据行走方式可分为固定式卷帘机（卧式卷帘机）和自走式卷帘机两种，自走式卷帘机根据结构的不同又可分为跑车式、摆臂式和摇臂式等几种。其工作原理均是利用减速机来实现卷拉覆盖帘的。减速机多采用双蜗轮蜗杆立体交叉结构，该结构体积小，传动扭矩大，减速比大，自锁性好。直齿轮传动减速机，传动扭矩大，但减速比小，体积大，自锁性不好。差齿减速机结构轻巧，但抗负荷能力弱。

目前，温室卷帘机械的生产企业很多，且技术大都过关，产品可靠耐用。

如金鹏公司生产的JP-2008型自走式卷帘机。采用自走式创新设计，选用优质合金材料，使之更加坚固耐用，安全可靠，省工省时，是当今市场上最受欢迎的换代产品；安装拆卸，维修操作方便，使之更加灵活方便；自动化程度高，电动手动均可，无噪声，更安全，操作灵活方便，特有的刹车缓冲，使卷帘机的使用寿命更长；适合于200m以内的各种大棚。

山东寿光产的一种自动卷帘机结构合理，性能可靠，装机率100%，一机多用，宽窄、厚薄可调，不跑偏，不跳扣，不伸长，加工的草帘整齐、紧凑，疏密一致，并能自动锁头。

1. 绳拉式卷帘机

绳拉式卷帘机是第一代卷帘机，模拟人工卷帘的操作，将保温被连接成一体实现整体卷铺。绳拉式卷帘机将电机固定安装在温室的某一部位，用绳子、滑轮、卷绳轴、联轴器、减速机把保温被和电机连接在一起。电机转动通过减速机减速输出足够的扭矩，带动卷绳轴转动把绳子缠绕在轴上，通过绳子拉紧使保温被卷起来，电机反转时绳子放松则保温被放下来。此种形式的卷帘机优点是可用功率大的电机卷质量较大的保温被、草帘、蒲帘，长度可达100m。但由于安装施工比较复杂，风大时容易乱绳，对覆盖材料磨损较大，此类卷帘机一般用于卷草帘和蒲帘。

2. 卷轴式卷帘机

卷轴式卷帘机是通过直接转动卷被轴，实现保温被的整体卷铺。其形式是把电机吊挂在侧墙外而或温室中部，通过减速机构与卷被轴连接起来，电机转动带动卷被轴转动把保温被卷起或放下，电机随着卷被轴上下移动。此种形式的卷帘机适用于卷放长度不超过60m的轻型保温被，卷铺1次时间只有2～3min。其优点是不受大风影响，不影响采光，不受温室高度、跨度限制；电机体积、质量小，扭矩大，安装调试简便。

3. 手动卷膜机

温室大棚卷膜机用于卷动温室大棚表面的塑料薄膜。使用该产品可全面地改善温室大棚的换气条件，有效控制棚内温度、湿度，减少病虫害发生，为植物生长提供最佳环境。国内机型还比较少，主要是引进国外的产品。如日本产通气多系列产品，制作精细，防尘防雨，质量可靠。该系列产品分为101型、104型和棚肩型3种。101型适用于长度小于70m的温室大棚；104型适用于开度小于100m的温室大棚；棚肩型适用于连栋大棚和其他需要上部通风的温室大棚。使用卷膜机开启薄膜通风时，压膜线过紧易损伤薄膜，且操作费力。因此，为了减少薄膜的损伤，且操作轻松，每次卷放薄膜前要先放松压膜线。该装置由耢轮、棘爪、联轴器和轴组成，结构简单，操作方便。

在温室大棚生产中，无论是传统的保温覆盖物，还是现有的新型保温被，都有一个卷、铺的问题。采用机械卷帘可在3～6min内完成1次卷、铺作业，不但大大减轻了劳动强度，而且可以比人工提高工效10～25倍，每天增加光照时间1～2h，有利于温室采光集热，提高室内温度。温室卷帘机产品很多，其中北京市农机研究所采用端部自动摆杆伸缩式卷铺机械，有较好的卷、铺效果。

（三）其他机械

与耕作及栽培有关的配套设施农业机械还有地膜回收机、移栽机械、自动嫁接机械、叶面施肥机械、收获机械、采摘运输等设备。随着发达国家的设施农业收获机械的发展，我国也引进和研发了多种收获机械，而且基于环保因素，大多都采用电动方式，并不断向机械化更高的水平发展。

现在国内生产的设施农业收获机械已经基本能满足国内设施农业生产的需求。如北京某公司生产的温室采摘运输车，主要用于温室中黄瓜、番茄等高架作物采摘用，也可用作高架作物的整枝、人工授粉等作业。该车由机架、电瓶、轨道、横向移动部件等组成。采摘车在轨道上人工控制其行走速度、刹车机构可使其立即停车。该车具有操作方便、定位准确、转移轻快的特点。

第二节
滴灌施肥系统

在设施条件下，设施环境是影响作物产量和作物品质的决定性因素，由于温室等设施为作物生长过程提供了一个相对封闭的种植环境，因此环境的调控是研究设施农业栽培的核心内容。广义的环境控制包括气候环境控制和水肥环境控制，气候环境控制的主要控制对象是温度、湿度、光照、CO_2等因子，水肥环境控制的主要控制对象是灌溉量、肥液浓度、肥液酸碱度等因子。气候环境主要影响作物的光合作用、呼吸作用、蒸腾作用等，而水肥环境则主要影响作物根系或叶面对水分和养分的吸收过程，直接决定了作物产量和作物品质。

设施农业中的水肥作用过程是以灌溉的形式实现水肥因子与土壤和作物进行交互的，设施农业条件下的精准水肥调控不仅涉及自动控制本身，与植物营养学、土壤学、肥料学、水利学、灌排学、环境科学、农机学、信息科学、计算机科学等方面内容都有着密切的关系，是一项学科交叉性很强的技术。

现代农机装备在设施农业中占有重要地位，是推动设施农业工厂化的重要力量，设施农业农机装备正在朝着信息化、智能化的方向发展。在水肥调控系统中，主要包括三方面的控制对象，即灌溉量的控制、肥液浓度的控制和肥液pH的控制。而随着微灌施肥在设施农业中的普及，对水质的要求越来越高，相应的水处理装备技术也在迅速发展。

施肥的方式有很多，在设施农业中研究最广泛的施肥技术主要包括测土配方施肥和灌溉施肥，测土配方施肥的主要研究目的是为管理层面的施肥决策提供支持，而灌溉施肥的主要研究目的是控制好作物整个生长周期内的水分和养分的精量供给。

1. 测土配方理论技术研究

测土配方施肥主要由测土、配肥和供肥三个环节组成，这种方式能够较好地协调作物需肥与施肥供肥之间的关系，受到了广泛关注。国内外研究人员对测土配方施肥的理论方法进行了不少研究探索，目前基于地理信息技术[3S技术，包括地理信息系统（GIS）、遥感（RS）、全球定位系统（GPS）]的测土配方施肥研究比较普遍。这套理论方法的基本思想是利用GPS和GIS方法采集种植管理区域的地理空间信息，与对应区域的土壤评价信息、土壤养分分布信息等共同形成空间数据库，并根据作物种类和分布进行栅格单元划分，根据作物目标产量、养分平衡等模型针对每一个操作单元计算最佳施肥方案，并生成配方图和专题图，从而为专家施肥决策提供重要的理论依据。张书慧等基于试验区内的土壤养分采样信息，应用一种桌面地图信息系统（MapInfo）建立了土壤信息数据库，该数据库可以为不同区块的施肥决策和实施变量施肥效益分析提供有效的技术支持。唐秀美等借助GIS工具，结合地力分区和养分平衡法得到了精准区域施肥配方，提出了一种面向县域管理层面的测土配方施肥方法。朱晓强等基于ArcGIS组件，结合土壤地理信息、肥料数据、作物施肥模型等基础数据开发了一套以县为单位的测土配方自动配肥控制系统，能够对该区域的个性化需求提供一定程度的处方指导。许鑫等在测土配方技术的基础上在NET平台上构建了一个基于WebGIS的小麦精准施肥决策系统架构，实现了小麦在线处方信息决策以及处方图的制作等功能。严正娟等基于土壤肥力和目标产量模型设计了一套基于WebGIS的分布式桃树施肥决策系统，试验结果表明，采用该系统的推荐施肥决策相比于传统施肥方法能够平均增产27.5%，作物品质显著提高，同时氮磷钾的施用比例也有所下降，氮素施用量能够节省1/3。

　　以上这些研究的共同特点都是借助 3S 技术建立区域化、单元化的空间数据库，并在此基础上以各种专题图的方式为管理者提供施肥决策信息。实际上，最终施肥决策的好坏一方面依赖于田间土壤试验的准确性、全面性、时效性等因素，另一方面依赖于作物生长相关的施肥模型精度。目前我国能够从事田间试验的专业技术人员还比较匮乏，容易造成系统数据库信息不能及时更新，导致施肥决策的时效性差。基于 3S 平台的测土配方决策系统对有机肥和无机肥的区分不明显，容易导致土壤质量下降以及加速水体的富营养化。另外，目前各个系统平台的开发基本都是针对某一特定区域的特定作物，并且各个平台采用的技术方法以及数据库存储形式千差万别，不同系统间无法实现数据交互，通用性较差。因此，进一步研究数据库的在线更新、多源异构数据的存储等技术是解决这些问题的有效途径之一。

　2. 灌溉施肥系统及装备研究

　　灌溉施肥是一种高效的追肥施肥方式，实现精准灌溉施肥的核心内容是精密的施肥装备和智能化的控制系统。国外农业发达国家，如荷兰、以色列、美国等，在灌溉施肥系统及装备领域的研究较早，自动控制技术比较成熟，在设施农业中大力发展了无土栽培技术，普遍采用高性能的施肥设备和控制精度较高的智能灌溉施肥系统。外国公司的精准灌溉施肥系统和装备，近些年在国内也有一定程度的示范推广，这些系统装备不仅能够依据和作物生长相关的丰富的传感器信息对灌溉施肥过程进行精准的定时定量控制，还能够通过互联网进行远程灌溉施肥过程的管理决策、种植过程指导、病虫害诊断、设备故障诊断等，智能化程度很高。国内的一些示范单位通过引进、消化、吸收国外先进系统或设备，在灌溉施肥系统开发和装备研制等方面也取得了一些进展。

在灌溉施肥控制系统的开发方面，姚舟华等开发了一个自动灌溉施肥机工作状态的检测系统，该系统可以监测供水环节、吸肥环节、肥液配制环节和混肥环节的工作状态，对精准施肥机的故障诊断有一定的指导意义。

魏正英等利用单片机和变频调速技术开发了一套基于滴灌的灌溉施肥自动控制系统，对注肥泵进行调速实现肥液浓度的精量控制。魏灵玲等研制了一套水培循环营养液控制系统，实现了封闭环境中的溶解氧和营养液参数的自动检测和自动控制，但控制精度一般。另外，一些基于嵌入式技术的变量施肥控制系统对灌溉施肥控制系统的开发也有一定的借鉴意义。

在装备的研制方面，施肥装置是研究的热点。目前国内常用的施肥装置主要有压差式施肥罐、文丘里施肥器、比例注肥泵、水力驱动装置、机械驱动装置、精准施肥机等。从功能类型上划分，可以分为两类，一类是定量施肥装置，一类是比例施肥装置。压差施肥罐是一种定量施肥装置，由肥液罐、进出口软管及管道节流阀组成，通过调节节流阀在施肥罐进出口处产生压力差，当水流通过施肥罐时能够将其中的肥料带入灌溉管道。这种装置操作简单，20世纪60年代曾在美国农业中广泛使用，我国目前北方很多地区依然在大量使用，但其缺点是不能实现浓度控制，只能用于土壤保肥能力较强的场合，在国外已经基本淘汰。现代农业中使用较为广泛的是比例施肥装置。文丘里施肥器结构简单、成本低，应用最为广泛，关于它的研究也相对较多。主要的研究方法集中在数值模拟和吸肥性能试验两方面。文丘里施肥器的缺点是水头损失较大，且其混肥浓度不易实现自动调控。为了解决文丘里施肥器的控制问题，李加念等将文丘里施肥器与电磁阀相结合，并与测量肥液浓度的EC传感器一起，组成一个闭环控制系统，通过控制电磁阀的开关时间实现肥液浓度的控制。比例注肥泵是一种水力驱动的吸肥装置，当有压水流通过该装置时会驱动其内部活塞上下运动产生压力差从而将肥液按照设定比例吸入管道。周舟等研制了一个基于比例注肥泵的移动式温室精准施肥机，这种装置的吸肥比例精度较高，但容易堵塞，对水质要求较高，且价格昂贵，很难在我国推广使用。机械驱动装置通过电动机带动泵实现吸肥功能，水力驱动装置是由柱塞泵及其他元件组成的一个闭环液压伺服系统，通过元件间的互动实现吸肥功能。韩启彪等分别通过试验的方法对比了三种水力驱动比例吸肥泵的吸肥特性和6种文丘里吸肥器的吸肥特性，李凯等从控制的角度对比了吸入式、压差式、注入式三种混肥装置的控制性能，认为机械注入式吸肥装置能够实现较高精度的实时控制。

随着设施农业无土栽培技术的发展，对少量多次的灌溉施肥管理方式和混肥精度要求越来越高，常规的吸肥装置较难满足应用要求，需要自动化和智能化程度较高的精准施肥机进行施肥过程的调控。目前我国关于精准施肥机装备的研制比较薄弱。北京市农业机械研究所采用可编程逻辑控制器（PLC），结合监测肥液浓度和酸碱度的EC-pH传感器，研制了一套精密施肥机，但控制功能简单。朱志坚等使用输液泵作为吸肥装置，通过对输液泵变频调速达到控制肥液浓度的目的，使用 PLC 作为控制器，实现土壤EC、pH的在线监测和报警功能，但控制精度不高。

3. 水肥调控技术研究概况

（1）水肥过程浓度控制研究　已有研究表明，肥液的电导率EC值（Electric conductance）与浓度之间存在确定的转换关系，因此在水肥调控过程中常通过监测肥液的EC值间接测量肥液总浓度。在此基础上，使用离子选择电极可以针对特定的营养离子进行监测。肥液浓度的在线监测技术是国内外研究的一个方面。Hiroaki Murata等为了在线测量作物对养分的吸收，设计了一个微尺度空间的 EC 传感器阵列，使用多个EC传感器放置在作物根区附近土壤中，实现对作物根区养分浓度的连续测量。张俊宁等针对无土栽培基质电导率的测量提出了一种基于"电流-电压四端法"的测量方法。李颖慧等通过试验对比了测量EC的线性和非线性模型，认为采用分段线性模型的建模效果更好。孙德敏等提出了一种电导的测量方法，采用基于最小二乘的"逐步拟合"的方法获得电导、电压、温度之间的关系模型，在线测量时只需直接按照模型计算电导测量值即可，研究结果表明该方法简洁实用，且测量精度高。王永等将这种方法应用于离子选择电极的建模研究，建立了钾、钙、硝态氮的离子选择电极模型以及肥液浓度、电极电压和肥液温度的三维数学模型，并在此基础上设计了一套肥液各营养离子含量的在线测量方法，解决了离子选择电极在线测量时间长和准确性的问题。Chen Feng等提出了一种虚拟离子选择电极的在线测量模型（VISE）。在施肥控制策略方面，模糊控制已成为目前的研究热点。由于其不依赖控制对象的精确数学模型，适用于非线性、时变性、纯滞后的系统，而得到了越来越多的关注，在施肥控制方面也有着广泛的应用。何青海等针对营养液的混合过程设计了一个基本模糊控制器，提高了混肥的精度，并完成了水肥药一体化决策系统的开发。李加念等利用文丘里施肥装置设计了一套肥液自动混合系统，采用粗细两级调节方法，根据入口压力和脉冲宽度调制（PWM）的关系粗调电磁阀的占空比，再利用模糊控制器进行细调，使肥液浓度逼近目标值。梁春英等、景兴红等分别将模糊控制与比例积分微分控制（PID控制）相结合，针对变量播种施肥系统设计了一套模糊PID控制器，实现了对施肥量的精确控制。然而，在常规模糊PID控制算法中，由于量化因子和比例因子固定不变，其自适应能力受到了一定的限制。郭娜等针对该问题将变论域的方法引入模糊PID控制器，通过伸缩因子实时调整输入输出变量的基本论域，并在插秧机行驶速度的控制中进行了试验验证，试验结果表明该方法能够提高控制的精度和自适应能力。

（2）水肥过程pH控制研究　在水肥生产过程中，有些作物（如花卉、蓝莓等）的根系适宜生长在偏酸性的环境中，由于多数单质肥料呈碱性，因此在灌溉首部配肥阶段就需要对肥液的酸碱度进行调节。肥液的酸碱度一般用pH描述，pH的控制是一个具有高度的本质非线性的控制，在各个行业的应用中都是一个公认的难点。在水肥调控过程中的pH控制除了非线性以外，水肥管理过程的复杂性使pH控制系统还具有不确定性、时变性、滞后性等特点，增加了控制难度。目前对pH过程控制的研究主要集中在模型研究和控制算法研究两方面，在应用方面以工业应用居多，在水肥调控领域的应用报道尚不多见。pH中和过程模型一方面可以描述pH过程的本质，另一方面可以为基于模型的控制算法的设计奠定基础，因此建立一个令人满意的pH模型是模型研究的主要任务。目前关于pH过程的模型研究主要包括机理模型、线性化模型、非线性模型、人工智能模型等。

第三节
落蔓机械

为了避免作物在地面上引起病虫害或者物理损伤，需要将黄瓜、番茄等藤蔓类植物利用支撑物吊起使其在空中向上生长，这种技术称为吊蔓栽培技术，在温室大棚中，黄瓜等藤蔓植物生长周期延长，故对于茎蔓的管理不采用传统的"搭架"形式而是采用"吊蔓"。这样可以通过落蔓降低植株的高度，令叶片分布均匀，处于合理采光位置，令采光充分有利于光合作用使植株生长旺盛且农事操作方便。

一般在温室内黄瓜、番茄等藤蔓类植物等生长高度限制在2m以内，而其本身可以生长到10m以上的高度，其果实产量还可以进一步增加，而温室内的空间有限，作物不可能无限生长，并且升高高度过高不方便采摘等作业操作，作物也需要处于一个采光通风合适的位置，所以控制作物高度，工作人员需要根据实际情况将植株茎蔓放下并再次固定，这个过程称为落蔓。现在无论是国内或是国外植株落蔓的难题都没有得到有效的解决。对于黄瓜、番茄等藤蔓类作物在温室中种植都采用人工落蔓或是利用落蔓器进行吊蔓实现半自动化的落蔓。在适当时期落蔓，摘取成熟果实，将作物生长高度下降，是实现藤蔓类植株优质栽培的一种必需的技术手段。但一个温室内种植的植株将近1000棵，工作人员需要耗费大量的精力为每一棵植株落蔓，还会偶尔出现损伤植株的情况，所以人工落蔓具有工作量大、浪费人力资源同时效率低下等缺点。

同时，据统计，温室内的落蔓作业会产生很高的人工成本，并且因为人工落蔓而造成的对植株的损伤也会大大减少劳动收益，所以通过人工落蔓不仅种植作物产生的效益受到亏损，还增加了管理费用。研制落蔓装置，满足所有藤蔓类植物的生长作业需求，实现大面积落蔓，大大减轻工作的劳动强度，较好地解决了劳动力短缺和人工成本过高的难题。

如今国内外都还没有研发出可以辅助落蔓的装置，现在主要依靠落蔓夹、落蔓器等简单的装置来辅助落蔓作业。

一、落蔓夹应用发展现状

落蔓夹的结构设计十分简单，其材料主要以塑料为主，结构包括头部、中部、尾部。在植株吊蔓时，吊绳的放置与传统的方法基本相同。落蔓夹在落蔓过程中起到辅助的作用，无论是结合落蔓器进行使用或人工落蔓，在使用落蔓夹时都不必手工系（或解）吊蔓绳，落蔓夹直接将藤蔓夹住固定，落蔓时不需要来回缠绕茎蔓，大大降低了劳动强度。在落蔓过程中，直接将落蔓夹松开，把植株下拉，不需用力拉扯，减少对植株的损伤，同时避免尼龙绳缠绕植株，增大尼龙绳的使用寿命。此外，使用落蔓夹减少了尼龙绳和植株的接触，避免病害对植株的不良影响。

二、落蔓器应用发展现状

落蔓器又称为半自动落蔓器。使用落蔓器进行落蔓将不用再将植株和尼龙线绳分开，将落蔓简化为落下线绳；落蔓器的外壳呈方形，内部安装有一个尼龙线轴，轴与外壳外侧的摇把相连，尼龙线通过外壳底部的小孔穿出，通过转动摇把控制收线和放线，另设有一棘轮开关，棘轮棘爪安装在外壳的另一侧。

进行落蔓时，将落蔓器顶部挂钩挂在横穿于整个大棚内部上空的钢丝绳上，每个落蔓器对应一个植株，打开棘轮开关，摇动手柄将尼龙绳放下直到接触到地面，在植株处于生长高度较低的状态时将其与尼龙绳固定，关闭棘轮开关，此时线轴无法转动，尼龙绳无法被下放。落蔓时，打开棘轮开关，通过摇动手柄实现绳的下放从而实现落蔓。

与人工落蔓相比较，落蔓器速度快、效率高、劳动强度小。可以多次落蔓实现半自动化，但是效率并没有提升太多，并且需要每株作物上都得安装一个落蔓器，对于温室大规模种植来说成本较高，且落蔓器的损坏老化严重，经常出现卡线现象。

三、半自动落蔓装置研究现状

北京市农业机械试验鉴定推广站的张艳红等人设计了一种新型落蔓装置。可以实现一行植株同时进行落蔓，速度快，效率高，结构简单，制造安装方便，易操作，适合各种藤蔓类作物使用。其结构的主要材料有镀锌钢管、钢绞线、张紧螺丝、吊绳等。半自动落蔓装置的工作原理为：每根尼龙绳间隔一定的距离固定在卷绳杆上，之后摇动手动转柄开始缠线，缠线过程中尽量使所有的尼龙绳松紧程度保持一致，将尼龙绳的另一端下垂到地面上与作物的根部固定在一起，等到作物生长到一定高度时打开棘轮开关，摇动手动转柄，使尼龙绳同步下落，实现一整行作物的落蔓作业。

对于该新型落蔓器一般先在卷杆上缠绕足够长度的卷绳再将卷杆安装在温室大棚里，保证在植株的生长周期内不再需要向卷杆上缠绕卷绳。实现一次操作可满足整个生产期间的落蔓需要，这样可以节约人工成本。然而这种落蔓装置效率仍旧不高，每一行作物都需要工作人员进行手动落蔓，并且无法满足生长高度高的藤类植株多次落蔓，不适用于像番茄等无法原地落蔓的粗根茎植物。

通过上述对落蔓技术现状的研究可知，从绑蔓、吊蔓、落蔓器到新型落蔓装置，落蔓技术一直在不断进步，但是尚未能形成落蔓，不满足所有藤蔓类作物的生长需求，而且工作效率还是不容乐观。番茄、黄瓜等温室果菜高架立体栽培模式中耗费人力最大的生产环节就是整枝落蔓，落蔓仍是世界范围内的难题。

第四节
开窗通风机械

一、日光温室强制通风

日光温室强制通风与温室内的环境参数如空气温度、相对湿度及CO_2浓度等密切相关，共同影响温室内作物的正常生长及发育过程和温室的气候控制及物质和能量的平衡。

近年来，随着农业信息技术的发展，我国越来越多的专家运用先进的技术来调节和控制温室内的环境气候。黄万欣在2004年介绍了自然通风温室的热压和风压的通风机理和测量通风量的衰减法和平衡气体法；论述了通风量与总通风面积成线性的关系；要尽量使用侧窗+天窗通风的方式来实现较高的通风性能。王健等在2006年以有限元法分析流体力学问题为基础，运用ANSYS 9.0软件模拟了温室周围空气流的运动情况，并分析了利用风压进行通风换气时比较实用的开窗方式。模拟结果显示：采用天窗与侧窗组合通风的效果优于仅利用侧窗通风。李永欣采用CTD软件对"Venlo"型温室进行了数值模拟，模拟在夏季温室采用室外遮阳和屋顶喷淋两种措施下的温室降温过程。张起勋采用计算流体动力学（CFD）方法，分别建立了二维和三维的日光温室稳态模型，分析日光温室在通风和不通风情况下的空气流动特性，并得出可以选择不同的通风方法进行降温和可以预测日光温室内的速度场的结论。王瑄等针对日光温室的夏季降温需要，通过对比试验研究，得出了降温效果最好的降温组合方式，即自然通风+遮阳网+微喷降温系统。雒华杰研究得出武汉地区在夏季晴天高温条件下，采用内遮阳结合风机的通风方式能有效地改善温室内的环境。

国外的学者也进行了大量的研究。1990年，Sherman研究并完善了示踪气体实验技术。Zwart通过研究表明温室通过利用通风换气除湿是最简单的除湿方法，但这种方法不适用于加热型的温室。Hallaux用热交换机回收热量，采用通风设备强制对温室通风除湿，也是通风除湿研究的一种方法，研究结果表明其运行成本较高，不适合农户使用。Boulard等分别就温室自然通风和机械通风以及几种降温方式联合使用的温室降温效果进行了研究。

二、强制通风与温度和相对湿度的关系

温室内进行通风后，空气流动会影响到植物多种生理活动。温室内空气循环会吹走叶片表面的水汽，提高植物蒸腾速率，进而降低叶温，使整株植物体温下降；通风也会影响植物对CO_2的吸收，增加根系吸收能力，枝叶也在微风下频频摆动，不断变换方位来充分获取光照。对于周年生产的日光温室，我国学者越来越注重对于温室内温度和湿度的调节。迟道才等在2001年针对日光温室的夏季降温需要，分别对自然通风、自然通风+遮阳网系统、自然通风+微喷降温系统、自然通风+遮阳网+微喷降温系统四种措施进行对比试验，分析了这4种措施对室内的气温、相对湿度和地温的影响。闫恩诚等在2002年提出了华南型温室设计方案，对华南型温室与其他几种常见温室采用自然通风或机械通风等效果进行试验比较。试验结果表明，机械通风是温室有效的降温措施，但运行费用较高。杨春健在2002年通过结构理论分析和实践经验总结了南方温室的通风降温设施可选择的几种类型，并指出温室大部分时间是依靠自然通风来调节室内环境，自然通风效果良好的温室，其室内温度基本可控制在只高出室外温度35℃。因此南方温室拥有一套简单有效的自然通风系统是非常必要的。赵云在2002年介绍了自然通风温室通风量的测试方法，并在试验结果的

基础上介绍了在天窗安装两种不同密度防虫网以及天窗与温室侧窗组合使用时对通风量的影响。为了更进一步说明温室通风与温室内部气候之间的关系，试验中测量了上述不同通风条件下温室气候（温湿度）的变化情况。余亚军和滕光辉在2003年针对华北型连栋温室夏季降温系统存在的内遮阳网上部高温区通风不足的问题，提出了一种上排风+湿垫+内遮阳网的新通风降温模式，在外部平均温度为29.8℃时，通过上排风方式可以降低温室内部温度3.4℃；上排风方式与下部纵向通风方式相比，节能率达到9.6%。童莉等在2003年采用计算流体力学的方法研究温室内部气流和热量传递过程，设计合理的通风设施，建立了无植物条件下湿帘机械通风的华北型连栋塑料温室三维数值模拟模型，并使用计算流体力学软件（CFX）进行了数值模拟计算，得到了合理的速度场分布和温度场分布数值模拟结果，并与试验值进行了对比，与试验值相比模拟结果误差≤5%。

三、强制通风与CO_2浓度关系

强制通风与CO_2有着非常密切的联系，崔庆法和王静在2004年研究延长通风时间（4h/d）并增施CO_2对温室黄瓜光合作用的影响结果表明，与对照相比，延长通风时间使通风时段内平均CO_2浓度升高43.8μL/L，平均温度和湿度分别降低2.4℃和350Pa，黄瓜叶片露时约缩短2.5h/d；促进光合产物积累，并指出在早春季节延长通风时间是温室增产有效措施之一。

第五节
除湿设备

在日光温室内部有很多可用的方法来减少相对湿度。目前，在寒冷地区使用自然通风和强制通风是一种被普遍接受的除湿方法，但是这种方法仍然有前

文所提到的限制。虽然极少有经济的、有效的、低消耗的除湿方法被日光温室生产者所采用，但许多前人的研究，为减少寒冷地区日光温室的相对湿度的方法提供了非常有用的信息。以下阐述六种国内外使用较多的除湿方法。

一、控制日光温室灌溉与水分蒸发

通过改良灌溉和培养基减少水分蒸发有助于降低相对湿度。使用薄膜覆盖、滴流灌溉或渗灌以及中耕，可以减少灌溉蒸发。然而这些方法对于控制其他来源的水分的产生是没有效果的，例如植物的蒸腾作用，这是日光温室中水分产生的主要来源。

二、通风除湿

通过打开侧窗与天窗、地窗进行自然通风，或者使用机械风扇强制通风，由于其快速、可靠、低成本等特点，是大多数日光温室中常见的除湿方法。通过通风可以使相对干燥的外部空气替换室内潮湿的空气。自然通风通常用于夏天或者炎热的地区，对于冬季较长且寒冷的北半球，例如在我国东北地区，冬季日光温室都不会使用通风设备以便阻止热量流失。De Halleux 和 Gauthier为北半球的温室除湿评估了通风过程中的能源消耗。这次模拟根据加拿大魁北克的气候条件，为番茄准备一年多的试验，结果显示，以每小时一次空气交换的频率进行比例通风除湿和开关通风除湿，并且与不通风时比较，分别会使能源消耗增加 18.4% 和 12.6%。在最近的一个改良常见的通风方法研究中，Campen设计了一种空气分配系统，装有封闭保温幕的温室与寒冷、干燥的外部空气进行通风时，可以进行机械的控制。保温幕是用来做温室盖最常用的材料，因为在白天，可以打开保温膜增加温室的日光照射，而在夜里，封闭的保温膜便可以阻止热量的流失。如同他的研究中所提出的，外部空气与温室内的空气交换较少，外部空气经由接近温室地面的机械风扇注入，再由带孔的塑料薄膜分散，以阻止潮湿的空气从温室盖上的缝隙中漏出，这个系统的演示由动态的模拟模型进行了评估，并且根据荷兰境内的一个商业温室进行田间试验证明是有效的。该系统很容易控制且对使用保温膜的温室特别有效，由此避免轻微打开保温膜进行空气交换而产生的水平温差，就可以长时间关闭保温膜从而达到节能的效果。国内研究通风除湿，大多针对其模型模拟问题，借助CFD方法对无作物时温室内环境参数分布进行研究。目前CFD方法已经被公认为是日光温室通风设计的有效工具，并且可利用FLUENT软件对日光温室建模，研究其空气流动特性。

三、保持较高温度

在夜间关闭温室之前，增加温度和通风率是一种有效地降低夜间空气相对湿度的办法。日光温室可以补充热量，或者可选择温度隔离法，例如挂上保温幕保持温度，用机械通风来降低空气中的湿度。而在夜间，相对湿度很有可能会增加，因为夜里的内部空气温度被抑制得较低，而湿度与白天保持一致，这样低温会使相对湿度增加。所以在不降低空气湿度的情况下，夜里应保持较高的温度来维持所需的相对湿度。由于在温室中气温需要维持在一个最佳水平，这种方法只对应用于夜间关闭温室之前，减少相对湿度有效，对于正常的白天有通风的情况下是没有效果的。

四、冷却除湿

当水蒸气遇到温度低于其凝结点温度的物体时，便会产生凝结。根据这个原理，如果在温室中放置一个低温物体使水蒸气在其表面冷凝，然后将冷凝物排出温室，日光温室内部相对湿度就会降低。一般来说，由于温室中的覆盖材料的内表面温度较低，水蒸气会在其表面自然冷凝，或者就在温室中放置一种低温物体，例如冷却水或冷空气，都会通过空气自然对流产生水蒸气冷凝的效果。

理论上有四种基本的冷凝方式：逐滴、膜状、直接接触和均质凝结。膜状凝结被认为是实践中最普遍的方式。在膜状凝结中，凝结物把凝结表面变湿进而产生一种平滑面，同时冷凝放热使热量不断转移到空气中去，薄膜出现温差，实际上薄膜代表了热传递中的热阻。通过将一个内部装有流动的冷却水的水管应用于封闭环境中，从冷却水传递到冷凝膜表面的热量主要用于两个方面，一方面冷凝热量用于将空气中的水分液化，另一方面其在重力作用下冷却于冷凝膜表面。理论上决定凝结速度的一个关键因素是热质交换率，对于标准的几何体，例如金属板或圆柱体，其热交换率可以根据文献推测出来。然而翅管要比标准几何体复杂得多，其热质交换率也更加难以确定，通过试验确定其凝结率十分重要。

目前一些运营商选择在温室中安装机械式制冷冷凝器，例如热泵，该装置不仅能在供暖季节提供温度，还可以在夏天作为冷却和除湿设备使用。现在市面上的除湿机原理也属于机械冷凝，通过氟利昂或者干冰使日光温室内的水蒸气液化，从而减少日光温室内的相对湿度。

五、空气热交换器

空气热交换器实际上是强制通风，在寒冷的季节使用最佳。机械通风是以进气扇产生的较干燥的外部空气来交换由排气扇排出的潮湿的温室空气。在热量交换中心，两种空气流动时交换热量。其有利条件在于，当外部温度低于内部空气温度时，进入的新鲜空气可以通过热量传输的方式从排出的空气中获得一些热量，因此，它会减少补充供暖的需求和成本，同时还能使用通风设备达到除湿效果。 Albright 和 Behler测试了以气-液-气热交换器控制温室的相对湿度，结果表明被排出的气体的三分之一的热量会被回收。De Hallaux 使用了一个相似的方法来研究该系统，并总结出使用热交换器降低的能耗取决于热交换器的效率。Rousse在加拿大的一个温室中研究出一种以感热交换器为基础的热量回收设备。他们得出来热量回收装置的效率，也就是实际回收的热量与可回收的最大热量之间的比率，大约为 80%，且空气以0.9/h的空气交换率进行流动时，不足以为温室除湿。同时也总结出该装置的性能系数为1.4～4.8，该系数是指风扇的电能消耗除以回收的热量。张文艺于2006年重点研究了热交换器在北京地区的除湿能力、热回收效率等。他的结论是当热交换器换气数为0.75次/h时，热回收效率为71%。不同结果也说明，不管方法是否一致，日光温室除湿技术需要因地制宜。

六、日光温室的其他研究

国外的温室湿度模型一般研究对象都是现代化程度较高的温室，主要研究其通风排湿及其调控设施，很少研究日光温室。而且国外温室往往采用同步加热和热泵来除湿，建立的一些静、动态模型，都是从采暖或除湿角度用能量平衡方法或质能平衡方法建立模型，所需参数比较多。

国内关于温室内湿度环境研究较少，齐广志探讨了光照度与绝对湿度的晴天变化规律的相互关系。梁称福研究了塑料温室内不同典型天气条件下空气相对湿度和绝对湿度的日周期时空变化规律与整个冬季空气相对湿度和绝对湿度的长周期时空变化规律，并对不同降湿处理方法对作物生长的影响进行了研究和比较。任志雨对日光温室在春季时的湿度分布及日变化规律进行了研究。蒋国振基于CFD的下沉式日光温室模拟与除湿研究发现不同下挖深度日光温室性能有所差异，1.0m深度优于0.5m深度，但1.5m深温室性能却出现下滑。

温室湿度模型研究方面，张亚红以温室内地面能量平衡方程为基础建立了计算日光温室内空气湿度的数学模型，通过模型可以预测绝对湿度随时间的变化。辛本胜在以温度为主要考虑的环境因素下构建了日光温室温湿度预测模型，温湿度预测的平均误差分别为±0.5℃和±5%。何国敏做了现代化温室温度场数字化模拟研究。夏大鸣研究了单层与双层塑料大棚的性能和栽培效果比较。宫彬彬用CFD模拟温室通风的流量系数，流动模型中常数的设定，并不是一成不变的，随着模拟对象的不同、模拟环境的改变，常数应该取不同的数值，才能更加准确地反映出流量的状况。据实际情况，选取一系列的入口风速进行计算分析，得出叉排结构的入口速度为3.0m/s时，换热器的换热效果最好。李永博研究了CFD网格尺寸模拟结果的定量分析，得出目前生产中的温室进行CFD模拟时，考虑到计算机硬件有限，把网格尺寸设置为0.3m是合适的。

第六节
气体调质机械

一、供暖机械设备

常用的使用效果较好的供暖机械设备有以下两种类型。一是水暖型——以水为热介质，由锅炉、散热器、循环泵等组成，锅炉安装到温室外。其特点是干净、温度变化稳定、易于调节，但升降温具有滞后性。二是气暖型——以空气为热介质，由炉体直接加热空气，可以降低室内空气湿度，减少病害发生。其特点是升温快，降温也快。

北方地区容易遭遇强冷寒潮侵袭或连续阴雪低温天气，2002年冬季，北方连续7天的阴雪天，给广大农户造成了不同程度的损失。目前，温室取暖方式以土造火炉为主，土火炉造价低，农民容易接受，燃煤热水锅炉造价高，运行成本也较高，一般温室难以应用。近年来，燃煤或燃油热风炉、石油液化气燃烧器等加温设备开始应用，但运行成本也还较高，目前只限于效益较高的温室或育苗室使用。

近几年随着国内温室技术的发展，国内也涌现出一批质量较高的温室供暖设备，如北京某公司研制出9RFL20傻瓜型燃煤热风炉，就是特地为温室大棚采暖而设计的，非常适合温室大棚内特殊的生态环境。

二、降温机械设备

夏季出于强烈的太阳辐射和温室效应，棚室内的气温高达40℃甚至50℃以上，致使大量的温室不能常年种植，特别是多年生苗木、花卉等受到很大限制。湿帘风机降温系统是利用水分蒸发时空气中的湿热转变为潜热的原理进行降温，水分蒸发的多少与空气的饱和差成正比。空气越干燥，温度越高，经过湿帘的空气降温幅度越大。夏季高温天气，空气通过湿帘后一般可降低4～7℃。该系统由NB型湿帘、9FI系列风机、水循环系统和自控装置组成，具有设备简单、能耗低、产冷量大、成本低廉（设备费相当于空调的1/7，运行费为空调的1/10）等特点，是我国北方地区温室、畜禽舍等大面积生产设施最经济有效的降温机械设备。

三、二氧化碳发生器

二氧化碳发生器有两个容器，上边的容器盛硫酸溶液，下边的容器装碳酸氢铵作反应池。硫酸经开关、导流管流入反应池中，启动或关闭以及反应的快慢可通过调节开关实现，可人为定量控制，操作方便，随用随开，主要用于温室无公害蔬菜生产。根据不同蔬菜品种增施不同浓度的二氧化碳可使温室作物增产30%以上，同时具有改善品质和提高作物抗病能力的作用，可节省农药10%～20%。该发生器反应的残留物为硫铵，是很好的氮肥。其运行成本低，气肥扩散均匀，一次性投资少，推广前景好。在相对密封的温室里，为了保温，通风时间短，造成温室内二氧化碳浓度不足，影响作物生长。在温室中配置二氧化碳措施装置及时补充二氧化碳量，满足植物光合作用需要，有利于增产和提高果实品质，延长生长收获期，是一项投资少、见效快、经济效益显著的实用技术。美国温室内已普遍采用增施二氧化碳的技术，增施的浓度达到空气二氧化碳含量的3倍。二氧化碳有多种生成法：一是发生器生成法，利用硫酸与碳酸氢铵反应生成二氧化碳的原理，在发生器中生成二氧化碳；二是燃煤式二氧化碳生成法，利用煤燃烧产生二氧化碳，经净化获取；三是燃烧液化气式二氧化碳生成法，利用专用设备将液化气燃烧，产生二氧化碳然后净化获得；四是片剂分解法，将固体片剂施于土壤中，在土中分解出二氧化碳气体。

现阶段我国也研制出了多种二氧化碳发生器，效果比较理想，推广的范围也比较大。该机可根据气体监控系统对设施内二氧化碳浓度设定要求，自动增补二氧化碳。

四、温室气体调质机

温室气体调质机为温室热量及二氧化碳供施装置。该机利用电除尘化学脱硫技术设计制造，能将燃煤产生的烟尘、焦油及有害于植物的烟气成分脱除而将植物光合作用所需的二氧化碳及燃煤产生的热量全部投放到温室内。

这种多功能的机械国内目前还不多，山东潍坊生产的WT系列温室气体调质机能较好达到国内需求，综合控制系统也可以达到基本要求，还可以控制温室内其他设备的运行。

五、静电场驱动离子系统

静电场驱动离子系统由控制器、场驱电源、上悬电极及放电腔组成的子系统和二氧化碳增补器组成。JQS-1型系统适用于$0.27hm^2$以下温室使用，目前已大量用于$667m^2$温室的蔬菜生产中。该系统耗电25～60W，电压变化幅度为0～70kV、CO_2投放量最大为1.5kg/h、每亩温室内臭氧浓度不超过$0.05cm^3/m^3$、在温室不需补充CO_2的时候系统呈现循环工作状态，而在增补CO_2时呈恒定工作状态。可在增补二氧化碳的条件下，确保植物快速健壮生长所需要的营养平衡，提高产品品质；可迅速消除温室内的雾气而降低空气湿度，同时可抑制土壤水分蒸发，产生的高能量带电粒子和微量臭氧可将大部分病菌、病毒杀死和钝化，有效地改善植物生长环境和防治病害，实践证明，黄瓜生长期使用的化学农药可节约近90%。该系统可作为无公害蔬菜生产的最佳技术保障系统；可有效地促进植物在阴天等弱光环境中的光合作用，提高植物在低温条件下吸收肥料的能力，从而提高植物的抗逆能力。综上所述，静电场驱动离子系统会在很多方面尤其是在无公害蔬菜生产方面起到非常重要的作用，是一项很有推广价值的实用技术。国内对这种装备认知程度还比较低，因此，在这个项目上我国尚处于研制开发阶段，只有少数温室装备了这种设备。

第七节
病虫害防治机械

温室大棚内空间密闭，光照不足、高温高湿，加之棚内天敌较少，作物对病虫害的抵抗力降低，设施栽培作物较之露天栽培作物更易发生病虫害，严重影响到大棚作物的产量和品质，增加了病虫害防治工作。相对传统农业而言，温室农业的农药使用次数频繁、用量较大，导致农产品的药液残留严重，同时采用大容量淋洗等粗放式的施药方式，喷雾效率较低。目前的温室农作物病虫害的防治很大程度上还是依靠手工作业来完成，且主要依赖于背负式手动喷雾器、手推式打药机、担架式机动施药机、牵引式风送施药机，自动化程度较低，造成农药浪费的同时污染了环境。也有拖拉机配套的喷杆式喷药机，实现了无差别喷药，但仍然需要作业人员驾驶和手动调节。在复杂的温室环境中，将作业人员置于有毒、高温和高湿环境的温室中，对作业人员的健康产生了极大的危害，施药作业人员中毒事件时有发生。

我国的设施植保机械发展相对较晚，从20世纪50年代开始引进和研制设施植保的相关技术与装备。21世纪以来，随着我国设施农业产业的发展和人民生活水平的提高，对设施蔬菜的需求量逐年增加，设施蔬菜种植面积不断扩大，设施植保作业任务愈加繁重，但同时也给予了设施植保技术装备更加广阔的发展空间。目前我国的设施植保机械主要包括手动式喷雾器、背负式喷粉喷雾机、小型机动喷雾机以及小型自走式弥雾机等类型。由于受到设施种植条件的限制，由拖拉机悬挂或牵引的喷杆式喷雾机和大中型的自走风送式弥雾机难以进入拱棚或温室内进行喷雾作业，因此在国内设施植保作业过程中手动、机动喷雾机以及一些小型轨道式风送弥雾机的应用相对广泛。

近年来，国内的一些学者也对设施植保的关键技术展开了一系列研究。杨学军等研究了风幕式喷雾机风幕出口风速对雾滴沉积分布特性的影响，其研究表明：在喷雾压力相同的条件下，较高的风速可以获得更好的沉积分布均匀性；王俊等以玉米为实验对象研究了风幕式气流辅助系统对雾滴沉积量、覆盖率和流失率的影响；刘雪美等在计算流体力学分析的基础上，在风幕式气流辅助系统中加装新型栅格状导流器，使气体流场在风筒长度方向上具有良好的风速一致性；苑进等设计了一种集喷杆式与隧道式喷雾系统为一体的喷雾机，并设计了残废回收系统有效减少药物浪费，减轻对环境的污染；洪添胜等依据仿形喷雾原理，对仿形喷雾的核心部件进行了研究；毛罕平等运用PDPA测试系统研究了风幕出风口风速和风幕出风口与喷口的水平距离对雾滴粒径和雾滴速度分布的影响；李萍萍等研究了喷雾药液在靶标黄瓜植株叶片上的流失点与最大稳定持留量，分析了几种因素对药液持留量的影响规律；何雄奎等在室内环境下对喷杆式喷雾机上的六种扇形喷头进行了雾化性能参数测试并对雾滴漂移潜力进行了研究；崔志华等在9WZCD-25型风送式喷雾机出风口设计安装一个锥形导风筒和一个同轴柱形导风筒，改善了喷雾机雾滴漂移性能；祁力钧等分析了不同叶片结构、叶片倾角与雾滴粒径对叶片表面药液沉积效果的影响；贾卫东等测量了扇形静电喷头产生的雾滴荷质比以及雾滴在空间纵横两个方向上的粒径分布；胡耀华等借助计算流体动力学技术探究了风送式喷雾机气流速度和安装角度对气流速度场的影响规律；陈立平等研究了不同喷雾助剂及助剂浓度对喷头雾化效果的影响；周宏平等研究了扇形喷头结构和喷雾压力对菌类、病毒类农药活性损伤的影响。

第八节
采摘机械

温室大棚种植业逐渐发展壮大，已经成为农业生产结构调整和增加农民收入的重要产业。由于日光温室是单跨结构一面坡温室，室内作业空间小，果实运输大多靠人工采摘搬运，如果操作不当还会对农产品造成损伤，不仅降低了工作效率，还加大了工作人员的劳动强度，增加了费用成本。同时，所采摘果实的质量的差异对后续的加工、存储和销售等都有着直接影响。随着温室种植业的不断发展，研究面向行间采摘的智能运输车具有重要的意义。

面向温室行间采摘的智能运输车是一种集单片机技术、传感信息技术、数据处理技术、运动控制算法等多种技术于一体的综合系统，可实现车辆自跟随工作人员行走进行行间采摘、采摘果实随摘随放的功能。该运输车能够将行间采摘时的实时收集、同步运输与采摘后的运输以及果实的称重相融合，满足行间采摘以及大型温室过道的长距离运输的要求，有利于降低温室采摘工作的工作强度，提高其工作效率。将面向温室行间采摘智能运输车应用到现代温室生产系统中不仅可以减少工作人员劳动量、降低人工成本，还可以提高温室果蔬采摘运输的自动化水平。

随着国内农业科技的发展，温室果实采摘运输车也逐渐被重视起来。2015年，南京农业大学的丁永前等人采用比例–积分–微分（PD）控制器研制了果园自主跟随电动车，并提出了一种基于红外传感器检测相对航向角的车辆自主跟随控制系统建模和设计方法。

2015年，华南农业大学的张铁民等人为解决农用小车在设施农业和畜牧业的物料运输和信息采集中的导航及控制问题，构建了农用小车导航控制系统，优化配置多个传感器，提出了基于电荷耦合元件（CCD）图像传感器、加速度计、电子罗盘以及超声波等多传感器信息融合的导航控制方法。但此方法需要多种传感器，成本过高，一般的农业工作者无法承受，故很难推广。

2016年，天津市农机研究所的冯磊等人设计了一款日光温室轨道遥控运输车。该车以200W直流无刷电机为动力来源，搭配减速器和12V–55AH蓄电池一起使用，采用无线遥控方式控制电机的启动、停止和前进、后退，电机和驱动轴之间采用同步带连接，单根方管导轨铺于地面，两个可以旋转的圆管固定于车身夹在导轨两侧，起到导向作用，在导轨两端安装感应装置，操作人员将采摘箱放置在车体上就可以通过遥控器让运输车沿轨道运行，运输车运行到指定地点后可通过感应装置自行停止。在无电供应的情况下也可以人工操作运输车。

2016年，南京农业大学的汪小旵等人设计了一套基于Kinect体感感应技术的温室果蔬采摘运输自动跟随平台。该平台通过体感感应系统获取图片上像素点的深度信息，结合图像处理算法，逐行扫描确定人体图像并实时获取人体骨骼信息，计算了人体当前的三维坐标并记录人体走过的路径轨迹。系统采用自调整函数对路径进行优化，避免了剧烈转向行为，并对优化后的路径以模糊算法动态确定纯追踪模型的前视距离，从而实时调整转向和转角，实现了精准跟随和稳定跟随。但该平台系统较为复杂，成本较高，后期推广困难。

目前，温室内的果蔬运输工具大多为轨道式运输，轨道式运输具有载重大，运量最高的优点，但是其通用性和可靠性较差、灵活性低、价格高。温室轨道式运输车的轨道一般铺设于过道，采摘工作人员需要将行间采摘的果蔬通过人力的方式搬到轨道运输车上，这样降低了工作效率，又增加了工作强度。温室中常用的轮式电动升降运输车，具有结构简单、成本低的优点，但是其行走的动力来源是人工，并不能达到大幅度地提高劳动效率、降低劳动强度的目的。目前，国内农业市场急需针对日光温室、单栋大棚和小型连栋温室的温室采摘搬运的自动化产品，比如，带有自跟随行走功能的面向行间采摘的智能运输车。性能可靠、结构简单、价格低廉、操作灵活的轻便微型化温室运输的机械将会受到广大农业工作者的欢迎，有良好的市场前景和应用价值。

第九节
其他机械设施

一、温室清洗机

由于我国现代化温室引进与推广时间较晚，因而现阶段其相关配套设施的研究发展也相对落后。目前，我国温室的清洗方式主要还是依赖于人工手动清洁，费时费力、清洗效率低、危险性高。近些年来，不断有研究人员提出一些温室清洗装置，但现阶段多数温室清洗机的研究还仅停留在专利与试制阶段，鲜有清洗设备可真正地投入到市场并得到应用推广。

广西大学、长江大学先后研制了一种塑料薄膜清洗机，该设备采用高压泵喷射水流作为水轮旋转的动力，高速旋转的水轮表面附着有清洁毛刷，对塑料薄膜外表面进行高速摩擦，配合水流的冲洗来达到清洗目的。该款清洗设备结构设计较为简单、成本低廉，但是清洁效果并不理想、耗水量较大、自动化水平较低、在北方寒冷的冬季无法使用。2007年，河北农业大学设计了一款塑料温室清洗机，该清洗装置提出了一种在塑料薄膜等软性物上端行走的方法，整机采用真空吸附原理，将灰尘吸入机体，该清洗机采用单片机控制实现整机运行，其自动化水平较高，但清洁效率较低、制造成本偏高，较难推广应用。2009年，李宝聚提出了一种利用废旧布条清洁温室的方法：将采用宽度4~10cm、厚度为0.02~0.04cm长度略大于棚弧长的布条作为清扫工具。布条的一端固定在顶端，另一端固定在棚底部，当有微风时，布条会轻轻扫摆，从而擦掉棚上的灰尘。该种方法最大的优点在于成本低、无须人工操作、降低人工作业劳动量；最大的不足在于布条摆动具有随意性、清洁效果无法保证。

2014年，福建农林大学研发了一款玻璃温室清洁小车，具备避障、避崖、斜面移动以及跨越一定障碍物的能力。该清洁小车底部安装有清洁毛刷可将待清理表面灰尘分离开来，配合于高压喷水管可确保清洁效果。该清洁装置自动化程度较高，但实际作业效果不理想，所适合行走坡面坡度也不宜过大、清洁效率偏低。

近年来，西南大学何培祥教授、李庆东教授的研究团队设计、研制了一种塑料大棚清洗装置及其玻璃温室棚顶清洗装置，较好地解决了塑料拱棚与玻璃温室清洗问题。所研发的塑料大棚清洗装置采用多组清洗电机分别带动圆盘清洁毛刷转动，其依靠弹性联轴器自然贴合于塑料薄膜；除此之外，每节清洗装置还单独设置有一组行走支撑滚筒，以提供整机行走动力、保证行走平稳性。该研发清洗装置可适用于单栋拱棚与连栋拱棚清洗，清洁效率较高、自动化程度较好，并可适用于带有遮阳网的塑料大棚。所研制的玻璃温室清洗装置设计为与玻璃温室棚顶相同的结构形状，为保证其自然贴合于棚顶，棚脊两侧两节支撑架中间采用铰链连接。该清洗装置主要由两部分组成：行走部分与清洗部分。清洗部分由单独的驱动电机分别带动圆盘式清洁毛刷高速转动实现擦除玻璃温室表面灰尘，圆盘刷作业的同时，喷水装置将同步实现喷水，以保证污渍清理效果。行走部分由行走电机提供驱动力，带动行走滚筒实现整机移动。除此之外，还特别设置有升降电机来控制清洁毛刷对于玻璃棚顶表面的正压力。该研发玻璃温室清洗装置清洁效果较好，清洗效率较高，并适用于带有遮阳网玻璃温室的清洁，但是整机不便拆卸，换屋脊进行清洗作业较为困难。

二、日光温室光伏供电系统

从20世纪80年代开始，受欧洲国家的影响，我国的研究人员也已经渐渐地开始学习和借鉴一些国外农业发展的经验，引进了许多成型的温室系统，将光伏技术和温室相结合。近些年来，国内的专家学者和科研机构在太阳能研究和光伏供电方面做了许多工作，并陆续取得了成果。

中国农业科学院保护研究所于1986年研制了用PLC控制的"光照气候室"，通过微型电脑输入、反馈，按照人为要求对温室进行控温控湿和光照控制。早在 1994 年，国家气象计量站就成功研制出了 FST 行单轴液压型太阳能板跟踪控制系统，用于对天气的检测。北京农业大学在 1995年成功研制了一套"WJG-型"分布式温室供电数据采集管理系统，这套系统基本可以实现对所需的光照数据进行相应的采集。2008 年中国科学院电工研究所刘四洋等人，在对太阳运动的基本规律和太阳跟踪方式上进行了研究和分析后，设计了一套主动式双轴光伏供电跟踪系统。该系统在实地运行中表现出良好的性能，发电量与固定式光伏发电系统相比提升了 30%。

2008 年中国石油大学的郑淑慧，在录井中，设计采用光伏电池进行供电，并分析其性能，该光伏供电系统满足系统耗电要求。2012年伍春生等设计了一种以 PIC16F877A 为核心控制单元的温室光照强度自动跟踪器，这种能够自动跟踪太阳高度角与方位角转动的自动太阳跟踪器，在现场运行中表现出跟踪准确、能耗低、可靠性高、系统性能稳定等优点，发电效率提高35%以上。2013年浙江省能源与核技术应用研究院设计了一种光伏供电的节能照明系统，采用了 MPPT 最大功率点跟踪技术，这种技术的应用，可以发挥出光伏电池组件的最大效率，缓解了因为高峰用电而导致负荷过大的矛盾的同时，还更加环保节能。2014年华中科技大学能源与动力学院王尚文等提出了混合双轴光伏供电自动跟踪控制系统，即第一级采用程序控制跟踪，第二级用传感器跟踪校正，该系统是耦合视日跟踪和光电跟踪的混合跟踪系统，并取得了良好的试验效果。

2015 年华南理工大学王京在分析光伏发电技术特点和温室运行特性基础上，结合实际温室的结构特性，设计了应用于温室的光伏发电供能、储能和配电系统，建成了面向温室的光伏供电系统，解决了温室中 80%的供电问题。

综上所述，我国在光伏技术和日光温室的研究相比于早期的研究已经有很大程度的提高，光伏追踪在各个学科方面都取得了很大的进步。在农业温室研究方面，光伏供电和追踪技术的开发和研究符合我国的国情，日光温室中作物生长环境和产量，达到经济利益良好的效果，日光温室和光伏技术的有机结合，在诸多方面对社会的发展具有深远的意义。因此设计出一套与我国现状相适应的日光温室光伏供电追踪系统是十分必要的。

第九章

非耕地日光温室果蔬
加工技术

目前，果蔬加工产品门类繁多，有传统的新鲜果蔬、腌制品、干制品、罐头制品，也有近年来发展的脱水蔬菜、速冻果蔬、果蔬汁、果蔬粉等深加工产品。果蔬原料不同，加工工艺不同，所得产品也不同，一般果蔬加工中所用的机械设备基本上可分为原料清洗、分级分选、破碎切割、分离过滤、杀菌、果汁脱气、灌装和冷冻干燥等设备。把这些机械设备按照一定的工艺要求用输送设备连接起来，就组成了不同的果蔬制品生产线，可生产出不同的果蔬制品。

第一节
净菜加工技术

加工净菜又称鲜切蔬菜、半处理蔬菜或轻度加工蔬菜，是对新鲜蔬菜进行分级、整理、清洗、切分、保鲜、包装等处理，并使产品保持生鲜状态的制品。消费者购买这类产品后，不需要做进一步的处理，可直接食用或烹饪，其可食比例≥90%。净菜因其新鲜、方便、营养、无公害等特点，随着现代生活节奏的加快和生活水平的提高，在各大中城市的消费量不断增加。

净菜及切割蔬菜于20世纪50年代起源于美国，而后在欧洲市场得到迅速发展，当时大部分产品仅供给团体膳食和快餐业。现今，随着社会的进步、经济的发展和科技水平以及人们生活水平的提高，净菜产业得到了迅速的发展。净菜的产量和所占的市场份额也都在迅速增加。法国在1985年生产净菜仅400多万t，而到1989年却已经达到35000t；1998年，美国净菜和切割蔬菜销售额已达到了60亿美元，而且预计将在3～5年内达到200亿美元；20世纪末，日本市场的净菜率几乎达到了100%，英国的净菜加工率约占蔬菜总销售量的85%。在生产流通和管理体系上，日本和欧美的许多工业化国家普遍建立了现代化净菜商品化处理体系，形成了以危害分析与关键控制点

（HACCP）为中心的产品质量管理和保障体系。在国内，净菜加工虽然几年前才起步，但发展也非常迅速，一些省市已经开始把净菜的商品化处理技术的开发作为一项重大研究项目；许多城市如南京、上海、北京、广州、厦门等的大型超级市场内都开设了净菜专柜；出现了一些从田间原料到终端产品全程的经营的净菜公司。但是同时，由于目前我国净菜产业尚在发展初期，品质管理体系和流通销售网络还没有很好地建立起来，大部分居民的消费观念也未改变，所以还未形成相当的规模，还需要投入较大的力量进行大量的技术和管理体系的研究开发。

然而，预制菜（净菜）在加工处理过程中，由于蔬菜细胞组织被破坏，导致呼吸强度增大，乙烯合成增加，氧化褐变加剧，组织失水、软化，微生物侵染等，从而加剧净菜品质下降，缩短货架期，降低净菜的食用价值和商品价值。

一、净菜的加工工艺

（一）原料的采收、检验

并非所有的蔬菜都适合净菜加工，净菜加工对原料的选择很重要。蔬菜在采收、运输过程中极易造成机械损伤；需用刀具采收的，刀具要锋利，在搬运过程要轻拿轻放；要选择无机械损伤、无虫蛀、无病斑、色泽均匀、大小一致、成熟度相同的蔬菜。

（二）原料的预处理

原料的预处理多为降温处理，即根据原料特性采用自然或机械的方法尽快将采后蔬菜的温度降低到适宜的低温范围，并维持这一低温，以利后续加工。蔬菜水分充盈，比热大，呼吸活性高，腐烂快，采收以后是变质最快的时期。预冷是冷链流通的第一环节，也是整个冷链技术连接是否成功的关键。现在多采用冷水冷却、强制空气冷却、真空冷却等方法。

（三）清洗和切分

清洗的目的是洗去蔬菜表面的尘土、污秽、微生物、寄生虫卵及残留的农药等。加工前必须仔细地清洗，采用含氯量或柠檬酸量为100～200mg/L水进行清洗可有效延长鲜度。

实验表明，使用次氯酸钠清洗切割叶用莴苣可抑制产品褐变及病原菌数量，但处理后的原料必须经清洗以减少氯浓度至饮用水标准；由于氯的残留物中含有潜在的诱导机体突变物质和致癌物质，一些新的杀菌剂像臭氧、电解水等已投入使用。传统的清洗方法是浸泡清洗，最好采用超声波气泡清洗。切分大小既要有利于保存，又要符合饮食需求，切分刀具要锋利。

（四）冲洗、护色及脱水处理

切分后的蔬菜原料应再冲洗一次以减少微生物污染及防止氧化。护色主要是防止鲜切菜褐变，褐变是鲜切菜主要的质量问题。影响蔬菜褐变的因素很多，主要有多酚氧化酶的活性、酚类化合物的浓度、pH、温度及组织中有效氧的含量。

因此，可通过选择酚类物质含量低的品种，钝化酶的活性，降低pH和温度，去除组织中有效氧的办法防止褐变。传统抑制褐变采用亚硫酸钠，目前已不允许使用，常用替代亚硫酸盐的有抗坏血酸、异抗坏血酸、柠檬酸、L-半胱氨酸、氯化钙、乙胺四乙酸（EDTA）等。切分洗净后的蔬菜应进行脱水处理，通常使用离心机进行脱水，离心机转速和脱水时间要适宜。

（五）包装

包装是净菜生产中的最后操作环节。目前，鲜切产品包装上常用的包装膜有聚乙烯（PE）、聚丙烯（PP）、低密度聚乙烯（LDPE）和聚氯乙烯（PVC）、复合包装膜乙烯-乙酸乙烯共聚物（EVA），以满足不同的透气率需求。鲜切蔬菜的包装方法主要有自发调节气体包装（MAP）、减压包装（MVP）和壳聚糖涂膜包装。

二、净菜的保鲜技术

（一）净菜保鲜剂应用技术

保鲜剂有化学合成和天然保鲜剂两种。大部分化学防腐保鲜剂都有一定的副作用，会给保鲜产品带来一定程度的污染。特别是对于净菜，化学防腐保鲜剂的使用种类、剂量、时间都受到严格限制。

（二）低温冷藏保鲜技术

低温不但可以抑制净菜组织的呼吸强度，降低各种生理生化反应速度，延缓衰老和抑制褐变，而且可以抑制微生物的生长。因此，净菜从挑选、洗涤、包装、储藏、运输到销售均需在一个低温条件下进行，才能取得较好的保鲜效果。专家认为净菜包装后，应放入冷库中储藏，冷库温度必须≤5℃才能获得足够的保鲜期及确保食用安全，并利用冷链（温度≤5℃）进行运输和销售。

（三）气调保鲜技术

净菜在空气中易褐变、易被微生物污染且代谢旺盛，净菜保鲜采用气调包装，使其处在低氧高二氧化碳气调环境中，则能降低其呼吸强度，抑制乙烯产生，延迟鲜切菜衰老，延长货架期；同时也能抑制好气性微生物生长，防止鲜切腐败。

净菜的气调保鲜方式主要是自发调节气体包装（MAP）。MAP是通过使用适宜的透气性包装材料被动地产生一个调节气体环境，或者采用特定的气体混合物及结合透气性包装材料主动地产生一个气调环境。

（四）其他保鲜技术

非化学的新型保鲜技术在净菜加工中具有广泛的应用前景。

1. 物理保鲜技术

物理保鲜技术采用辐照、空气放电、脉冲电场、振荡磁场、高压等物理方法处理切割菜，产品不发生化学变化，不产生异味，而且可以保存其营养成分、新鲜感和风味。

2. 生物防治技术

生物防治技术利用一些有益微生物的代谢产物抑制有害微生物，从而延长食品的储藏期，如乳酸菌发酵产生的酸乳。目前，国内外研究的较先进的保鲜技术主要有临界低温高湿保鲜、细胞间水结构化气调保鲜、臭氧气调保鲜、低剂量辐射预处理保鲜、高压保鲜、基因工程保鲜、细胞膨压调控保鲜。

三、冷藏链技术

目前，净菜生产中，国外主要采用低温冷藏销售系统。净菜冷藏链中的主要环节有：原料前处理环节、预冷环节、冷藏环节、流通运输环节、销售分配环节等。净菜冷链流通是一项系统工程，从净菜的物流方向上看，分为产区、销售区和产销连接区3个部分。产区包括果蔬的采收、采后商品化处理（挑选分级、整修和包装）、预冷和产地冷藏等；销售区包括销地冷藏、批发配送（再次分级、整修和包装）、零售和消费等；产销连接区环节主要是指净菜的短途和长途运输。净菜所需的冷藏链的要求较为复杂，因为果蔬的品种、出产地、不同的生长期等都将影响到冷藏链的设置。

第二节
果蔬汁加工技术

一、果蔬汁的分类

1. 果汁类

原果汁：以成熟度适宜的新鲜或冷藏水果为原料，经机械加工（如榨汁）所得的，未发酵，具有该种水果原有特征的汁液。原果汁根据清浊可分为清汁和浑汁。

浓缩果汁：用物理分离方法，从原果汁中分离出去一定比例的天然水分所得的，具有该种水果原有特征的果汁。

原果浆：水果或其可食部分经打浆工艺制得的，未去除汁液、未发酵的，具有该种水果原有特征的浆状制品。

浓缩果酱：用物理分离方法，从原果浆中除去一定比例的天然水分所得的，具有原果浆特征的酱状制品。

果汁饮料：原果汁或浓缩果汁加糖、酸等调配成的，原果汁含量≥10%的制品，分为清汁和浑汁、混合果汁饮料。

2. 蔬菜汁类

蔬菜汁：新鲜蔬菜汁（冷藏蔬菜汁）加食盐或糖等调配而成的制品。

混合蔬菜汁：两种或两种以上新鲜蔬菜汁（冷藏蔬菜汁）经加食盐或糖等配料调制而成的制品。

二、果蔬汁加工工艺

果蔬汁的加工工艺流程如下：

原料→预处理（挑选、分级、清洗、热处理、酶处理等）→取汁、均质→脱气→调整→杀菌→灌装冷却→成品

1. 原料的选择和清洗

榨汁前原料须使用洗果机清洗干净，蔬菜原料应去根以除去泥沙，去除果蔬表面附着的尘土、沙子、部分微生物、农药残留等，带皮榨汁的原料更要重视清洗。

2. 原料的破碎和压榨

果蔬在榨汁和打浆前应对水果或蔬菜进行破碎处理，破碎之后可进行压榨和打浆。压榨前，可在已破碎的果块中加入果胶酶处理或进行加热，以提高出

汁率。

3. 澄清与过滤

为了使过滤效果更好，在过滤之前，一般应先澄清。澄清后的果汁即可进行过滤，通常分为粗滤和细滤两步。

4. 均质、脱气

浑浊果蔬汁为了保持其稳定的外观，一般要利用均质机对其进行均质处理。脱气的目的是去除果汁中的气体，以免果汁营养成分被氧化损失，也可减轻果汁色泽和风味的变化。

5. 营养成分调整

为使果蔬汁符合一定的标准，在生产果蔬汁饮料时，常需要对成分进行调整，如果蔬汁糖酸调整，同时也可添加适量的食用香精和食用色素等。

6. 杀菌、灌装、包装

杀菌最常用的方法是高温短时杀菌后立即进行灌装，灌装可采用高温灌装（热灌装）和低温灌装（冷灌装）两种方式。灌装后立即在无菌条件下封口，再进行包装。

第三节
果酱加工技术

果酱类制品有果酱、果泥、果冻、果膏、果糕、果丹皮等产品，是以果蔬的汁、肉加糖及其他配料，经加热浓缩制成。原料在糖制前需先行破碎、软化或磨细、筛滤或压榨取汁等预处理，然后按产品质量的不同要求，进行加热浓缩及其他处理。

一、果酱加工工艺

果酱是由果蔬的汁、肉加糖煮制浓缩而成，呈黏糊状、胶态状的产品，属高糖高酸食品。一般作为调味品用来拌面包、饼干或其他食品食用，分泥状及块状果酱两种，含糖量55%以上，含酸1%左右，甜酸适口，口感细腻。

果酱加工工艺流程如下：

原料处理 → 加热软化 → 加热、配料 → 浓缩 → 装罐和密封 → 杀菌和冷却成品

二、果酱加工关键技术

（一）原料选择及前处理

生产果酱类制品的原料要求含果胶及酸量多，芳香味浓，成熟度适宜。对于含果胶及酸量少的果蔬，制酱时需外加果胶及酸，或与富含该种成分的其他果蔬混制。

生产时，首先剔除霉烂变质、病虫害严重的不合格果，经过清洗、去皮（或不去皮）、切分、去核（心）等处理。去皮、切分后的原料若需护色，应进行护色处理，并尽快进行加热软化。

（二）加热软化

加热软化的目的主要是：破坏酶的活性，防止变色和果胶水解；软化果肉组织，便于打浆或糖液渗透；促使果肉组织中果胶的溶出，有利于凝胶的形成；蒸发一部分水分，缩短浓缩时间；排除原料组织中的气体，以得到无气泡的酱体。

软化前先将夹层锅洗净，放入清水（或稀糖液）和一定量的果肉。一般软化用水为果肉质量的20%~50%。若用糖水软化，糖水浓度为10%~30%。开始软化时，升温要快，蒸汽压力为0.2~0.3MPa，沸腾后可降至0.1~0.2MPa，

不断搅拌，使上下层果块软化均匀，果胶充分溶出。软化时间依品种不同而异，一般为10~20min。

软化操作正确与否，直接影响果酱的胶凝程度。如块状酱软化不足，果肉内溶出的果胶较少，制品胶凝不良，仍有不透明的硬块，影响风味和外观。如软化过度，果肉中的果胶因水解而损失，同时，果肉经长时间加热，使色泽变深，风味变差。制作泥状酱，果块软化后要及时打浆。

（三）取汁过滤

生产果冻等半透明或透明糖制品时，果蔬原料加热软化后，用压榨机压榨取汁。对于汁液丰富的浆果类果实压榨前不用加水，直接取汁，而对肉质较坚硬致密的果实如山楂、胡萝卜等软化时，加适量的水，以便压榨取汁。压榨后的果渣为了使可溶性物质和果胶溶出更多，应再加一定量的水软化，再行一次压榨取汁。

大多数果冻类产品取汁后不用澄清、精滤，而一些要求完全透明的产品则需用澄清的果汁。常用的澄清方法有自然澄清、酶法澄清、热凝聚澄清等。

（四）配料

原料按种类和产品要求而异，一般要求果肉（果酱）占总配料量的40%~55%，砂糖占45%~60%（其中允许使用淀粉糖浆，用量占总糖量的20%以下）。这样，果肉与加糖量的比例为（1：1）~（1：1.2）。为使果胶、糖、酸形成恰当的比例，有利于凝胶的形成，可根据原料所含果胶及酸的多少设计，必要时添加适量柠檬酸、果胶或琼脂。柠檬酸补加量一般以控制成品含酸量0.5%~1%为宜。果胶补加量，以控制成品含果胶量0.4%~0.9%较好。

配料时，应将砂糖配制成70%~75%的浓糖液，柠檬酸配成45%~50%的溶液，并过滤。果胶按料重加入2~4倍砂糖，充分混合均匀，再按料重加10~15倍水，加热溶解。琼脂用50℃的温水浸泡软化，洗净杂质，加水，为琼脂质量的19~24倍，充分溶解后过滤。果肉加热软化后，在浓缩时分次加入浓糖液，临近终点时，依次加入果胶液或琼脂液、柠檬酸或糖浆，充分搅拌均匀。

（五）浓缩

当各种配料准备齐全，果肉经加热软化或取汁以后，就要进行加糖浓缩。其目的在于通过加热，排除果肉中大部分水分，使砂糖、酸、果胶等配料与果肉煮至渗透均匀，提高浓度，改善酱体的组织形态及风味。加热浓缩还能杀灭有害微生物，破坏酶的活性，有利于制品的保藏。

加热浓缩的方法，目前主要采用常压浓缩和真空浓缩两种。

1. 常压浓缩

常压浓缩即将原料置于夹层锅内，在常压下加热浓缩。常压浓缩应注意以下几点。

（1）浓缩过程中，糖液应分次加入。这样有利于水分蒸发，缩短浓缩时间，避免糖色变深而影响制品品质。糖液加入后应不断搅拌，防止锅底焦化，促进水分蒸发，使锅内各部分温度均匀一致。

（2）开始加热蒸汽压力为0.3~0.4MPa，浓缩后期，压力应降至0.2MPa。

（3）浓缩初期，由于物料中含有大量空气，在浓缩时会产生大量泡沫，为防止外溢，可加入少量冷水或植物油，以消除泡沫，保证正常蒸发。

（4）浓缩时间要恰当，不宜过长或过短。过长直接影响果酱的色、香、味，造成转化糖含量高，以致发生焦糖化和美拉德反应；过短转化糖生成量不足，在储藏期间易产生蔗糖的结晶现象，且酱体凝胶不良。浓缩时可通过火力大小或其他措施控制浓缩时间。

（5）需添加柠檬酸、果胶或淀粉糖浆的制品，当浓缩到可溶性固形物为60%以上时再加入。

2. 真空浓缩

真空浓缩优于常压浓缩法，在浓缩过程中，由于是低温蒸发水分，既能提高其浓度，又能保持产品原有的色、香、味等成分。真空浓缩时，待真空度达到53.32kPa以上，开启进料阀，浓缩的物料靠锅内的真空吸力进入入锅内。浓缩时，真空度保持在86.66~96.00kPa，料温60℃左右，浓缩过程应保持物料超过加热面，以防焦煳。待果酱升温至90~95℃时，即可出料。

果酱类熬制终点的测定可采用下述方法。

（1）折光仪测定。当可溶性固形物达66%~69%时即可出锅。

（2）温度计测定。当溶液的温度达103~105℃时熬煮结束。

（3）挂片法。挂片法是生产上常用的一种简便方法。用搅拌的木片从锅中挑起浆液少许，横置，若浆液呈现片状脱落，即为终点。

（六）装罐密封（制盘）

果酱、果泥等糖制品含酸量高，多以玻璃罐或抗酸涂料铁罐为容器。装罐前应彻底清洗容器，并消毒。果酱出锅后应迅速装罐，一般要求每锅酱体分装完毕不超过30min。密封时，酱体温度在80~90℃。

果糕、果丹皮等糖制品浓缩后，趁热倒入钢化玻璃、搪瓷盘等容器中并铺平，进入烘房烘制，然后切割成型，并及时包装。

（七）杀菌冷却

加热浓缩过程中，酱体中的微生物绝大部分被杀死。而且由于果酱是高糖高酸制品，一般装罐密封后残留的微生物是不易繁殖的。在生产卫生条件好的情况下，果酱密封后，只要倒罐数分钟，进行罐盖消毒即可。但也发现一些果酱罐头有生霉和发酵现象出现。为安全起见，果酱罐头密封后，进行杀菌是必要的。可采用沸水或蒸汽杀菌。杀菌温度及时间依品种及罐型等不同，一般在100℃温度下杀菌5~10min。杀菌后冷却至38~40℃，擦干罐身的水分，贴标装箱。

第四节

果蔬干制技术

一、果蔬干加工工艺

果蔬干加工工艺流程如下：

原料→原料处理→清洗→整理→护色→干燥→后处理→成品

二、果酱加工关键技术

（一）原料选择

蔬菜干制对原料的要求是干物质含量高，粗纤维和废弃物少，可食率高，成熟度适宜，新鲜，风味好，无腐烂和严重损伤等。

（二）清洗

用人工清洗或机械清洗，清除原料表面附着的泥沙、杂质、农药和微生物，使原料基本达到脱水加工的要求，保证产品的卫生。

（三）整理

除去皮、根、老叶等不可食部分和不合格部分，并适当切分。去除原料的外皮可提高产品的食用品质，又有利于脱水干燥。切分采用机械或人工作业，将原料切分成一定大小和形状，以便水分蒸发，常切成片、条、粒和丝等状，其形状、大小和厚度应依据不同种类与出口的规格要求。对某些蔬菜，如葱、蒜等在切片过程中还需用水不断冲洗所流出的胶质汁液，直至把胶质液漂洗干净为止，以利于干燥脱水和使产品色泽更加美观。

（四）护色

脱水蔬菜以烫漂处理护色。有些原料还在烫漂后或在干燥后再用硫处理护色。

（五）干燥

最佳干燥方法有冷冻干燥、真空干燥及微波干燥。但综合考虑成本、经济效益等因素，目前蔬菜干燥使用最多的是热风干燥设备，以及新型的微波干燥和热风干燥结合的技术。

（六）后处理

蔬菜原料完成干燥后，有些可以在冷却后直接包装，有些则需要经过回软、挑选和压块等处理才能包装。

三、干制方法和设备

（一）自然干制的方法和设备

自然干制一般包括太阳辐射的干燥作用和空气的干燥作用两个基本因素。

（1）太阳辐射的干燥作用：利用太阳的辐射热作为热源，使水分蒸发的干燥作用。

（2）空气的干燥作用：取决于一个地区大气的温度、相对湿度和风速等几个方面的气候条件。

自然干制方法可分为以下两种。

晒干（日光干制）：原料直接接受阳光暴晒。

阴干（晾干）：原料在通风良好的室内、棚下以热风吹干。

自然干制的设备主要有晒场、晒干用具、工作室、储藏室包装室等。

（二）人工干制的设备和技术

人工干制设备，要有良好的加热装置及保温设备，保证干制时所需要的较高而均匀的温度；要有良好的通风设备，以及时排除原料蒸发的水分；要有较好的卫生条件和劳动条件，以避免产品污染，便于操作管理。

一般按干燥时的热作用方式，分为通过热空气加热的对流式干燥设备、通过辐射加热的热辐射式干燥设备和通过电磁感应加热的感应式干燥设备三类。

1. 隧道式干燥机

隧道式干燥机的干燥部分为狭长的隧道形，原料在运输设备上，沿隧道间歇或连续地通过而实现干燥。干燥间一般长12～18m，宽约1.8m，高1.8～2.0m。加热时间设在单隧道式干燥间的侧面或双隧道式干燥间的中央，也是狭长隧道形。在加热间的一端或两端装设加热器和吹风机，推动热空气进入干燥间，经过待干燥的原料，使它的水分蒸发。产生的废气一部分自排气孔排出，一部分回流到加热时间重新利用。隧道式干燥机按原料和干燥介质的运行方向，分为逆流式、顺流式和混合式三种。

（1）逆流式干燥机：原料的运行与空气的流动方向相对而行，干燥开始时温度较低（40～50℃），终了时温度较高（65～85℃）。

（2）顺流式干燥机：物料的前进方向与空气的流动方向相同。物料从高温的热风一端进入，水分蒸发很快，越往前进，温度越低，湿度越高，蒸发逐渐减慢。干制开始时温度较高（80～85℃），终了时温度较低（55～60℃），适用于含水量较高的蔬菜的干制，但有时不能将干制品的水分减至最低标准。

（3）混合式干燥机（对流式干燥机或中央排气式干燥机）：有两个鼓风机和两个加热器，分别设在隧道的两端，热风由两端吹向中间，通过原料而将湿热空气从隧道中部集中排出一部分，另一部分回流利用。原料首先进入顺流隧道，温度较高，湿度较低，加速原料的水分蒸发；随原料逐次推进，温度略低，湿度较高，水分蒸发减缓，避免原料表面结成硬壳；待原料大部分水分蒸发排除后，进入逆流隧道，以后越往前推进，温度渐高，湿度逐渐降低，原料干燥比较彻底。在正常的情况下，整个干燥过程有2/3在顺流隧道内完成，其余1/3在逆流隧道内完成。

2. 滚筒式干燥机

滚筒式干燥机由一个或两个以上表面平滑的钢制滚筒构成，滚筒是加热部分也是干燥部分，原料在滚筒上进行干燥。滚筒中空，通有加热介质。

3. 带式干燥机

带式干燥机原料铺在用帆布、橡胶、涂胶布或金属网制成的传送带上，随传送带向前移动而与干燥介质接触得以干燥。

4. 喷雾式干燥机

喷雾式干燥机主要用来制造粉状干制品，液体原料经过特殊装置喷成雾状进入干燥间，同时热空气也不断进入，于是喷散的微小颗粒立即干燥成粉，集落在加热的下方承受器内。

5. 冷冻升华干燥

冷冻升华干燥使食品在冰点以下冷冻，水分即变为固态冰，然后在较高真空下使冰升华为蒸汽而除去，达到干燥目的。这样，整个干燥是在低温下进行，挥发性物质损失很少。

6. 微波干燥

微波干燥常用频率为915～2450MHz的电磁波加热干燥制品。

7. 远红外干燥

远红外干燥利用远红外辐射元件发出的远红外线被加热物体所吸收，直接转变为热能而达到加热干燥。构成物质的基本质点是电子、分子或原子，这些质点即使处于基态都在不停地运动着——振动或转动。这些运动都有自己固有的频率。当遇到具有某个频率的红外线辐射时，如果红外线的频率与质点的固有频率相等，则会发生与振动学中共振运动相似的情况，质点会吸收红外线并使运动进一步激化；如果二者的频率相差较大，那么红外线就不会被吸收而可能穿过。对红外线敏感的物质，其分子、原子吸收红外线后，不仅会发生能级的跃迁，也扩大了以平衡位置为中心的各种运动的幅度，质点的内能量加大。微观结构质点运动加剧的宏观反映就是物体温度的升高，即物质吸收红外线后，便产生自发的热效应。由于这种热效应直接产生于物体的内部，所以能快

速有效地对物质加热。红外线介于可见光和微波之间，是波长在0.72~1000μm
的电磁波。一般把5.6~1000μm区域的红外线称为远红外线，而把5.6μm以下的
称为近红外线。红外线像可见光一样，也可被物体吸收、折射或反射，物体吸
收了红外线后，温度升高。而且红外线能穿过相当厚的不透明物体，而在物体
的内部自发产生热效应，因此，物体中每一层都受到均匀的干燥作用，而其他
多种干燥方法，热量只能从表面开始，逐步地传到内部，因此烘干质量不如远
红外干燥。

从远红外加热原理和食品加工要求这方面来看，一般认为在食品加工中应
用远红外加热具有热辐射率高、热损失小、容易进行操作控制、加热速度快、
传热效率高、有一定的穿透能力（红外线的穿透能力没有微波强）、产品质量
好（远红外的光子能量比紫外线、可见光都要小，因此一般只会产生热效果，
不会引起食物成分的化学变化）、热吸收率高等优点。

8. 其他干燥方法

（1）减压干燥：减压时水分自行沸腾，并有一部分被机械排出。

（2）表面活性剂干燥：添加百万分之几的表面活性剂，已足够使被干燥物
料表面的活性中心闭合，以及使结合水变成自由水，而自由水在一系列情况下
甚至可以用机械途径除去。

第五节
速冻果蔬技术

一、速冻果蔬加工工艺

速冻果蔬加工工艺流程如下：

原料选择 → 预冷 → 清洗 → 切发 → 漂烫 → 沥水 → 快速冷冻 → 包装 → 成品

二、操作要点

1. 选料

加工速冻果蔬的原料要充分成熟，色、香、味能充分显现，质地坚脆，无病虫害、无霉烂、无老化枯黄、无机械损伤的新鲜果蔬作加工原料，最好能做到当日采收，及时加工，以利于保证产品质量。

2. 预冷

刚采收的果蔬，一般都带有大气热及释放的呼吸热。为确保快速冷冻，必须在速冻前时行预冷。其方法有空气冷却和冷水冷却，前者可用鼓风机吹风冷却，后者直接用冷水浸泡或喷淋使其降温。

3. 清洗

采收的果蔬一般表面都附有灰尘、泥沙及污物，为保证产品符合食品卫生标准，冻结前必须对其进行清洗。尤其是速冷果蔬更应如此，因为速冻制品食用时不再清洗，所以此次清洗非常重要，万万不可疏忽大意，洗涤除了手工清洗，还可采用洗涤机（如转筒状、振动网带洗涤机）或高压喷水冲洗。

4. 切分

速冻果蔬，有的需要去皮、去果柄或根须以及不用能的籽、筋等，并将较大的个体切分成大小一致，以便包装和冷冻。切分可用手工或机械进行，一般蔬菜可切分成块、片、条、丁、段、丝等形状。要求薄厚均匀，长短一致，规格统一。浆果类的品种一般不切分，只能整果冻，以防果汁流失。

5. 烫漂

烫漂主要用于蔬菜的速冻加工，目的是抑制其酶活性、软化纤维组织、去掉辛辣涩等味，以便烹调加工。速冻蔬菜也不是所有品种都要烫漂，要根据不同品种区别对待。一般来说，含纤维素较多或习惯于炖、焖等方式烹调的蔬菜，如豆角、菜花、蘑菇等，经过烫漂后食用效果较好。有些品种如青椒、黄瓜、菠菜、番茄等，含纤维较少，质地脆嫩，则不宜烫漂，否则会使菜体软化，失去脆性，口感不佳。烫漂的温度一般为90~100℃，品温要达70℃以上。烫漂时间一般为1～5min，烫漂后应迅速捞起，立即放入冷水冷却，使品温降到10～12℃备用。

6. 沥水

切分后的果蔬，无论是否经过烫漂，其表面常附有一定水分，如不除掉，在冻结时很容易形成块状，既不利于快速冷冻，又不利于冻后包装，所以在速冻前必须沥干。沥干的方法很多，可将果蔬装入竹筐内放在架子上或单摆平放，让其自然晾干；有条件的可用离心甩干机或振动筛沥干。

7. 快速冷冻

沥干后的蔬菜装盘或装筐后，需要快速冻结。力争在最短的时间内，使菜体迅速通过冰晶形成阶段（−0.5～−35℃）才能保证速冻质量。只有冷冻迅速，果蔬中的水方能形成细小的晶体，而不致损伤细胞组织。一般将去皮、切分、烫漂或其他处理后的原料，及时放入−25～−35℃的温度下迅速冻结，而后再行包装和储藏。

8. 包装

包装是储藏好速冻果蔬的重要条件，其作用是：防止果蔬因水分蒸发而形成干燥状态；防止产品在储藏中因接触空气而氧化变色；防止大气污染（尘、渣等），保持产品卫生；便于运输、销售和食用。包装容器很多，通常为马口铁罐纸板盒、玻璃纸、塑薄膜袋和大型桶装等。装料后要密封，以真空密封包装最为理想。包装规格可根据供应对象而定，个人零销，一般每袋装0.5kg或1kg，宾馆酒店用的，可装5～10kg。包装后如不能及时外销，需放入−18℃的冷库储藏，其储藏期因品种而异，如豆角、甘蓝等可冷藏8个月；菜花、菠菜、青豌豆可储藏14～16个月；而胡萝卜、南瓜等则可储藏24个月。

第六节
果蔬加工新技术

一、超高压技术

超高压技术是将食品原料填充到塑料等柔软的容器中密封放入装有净水的高压容器中，在常温或较低温度（低于100℃）下，给容器施加100～1000MPa的压力，高压作用可杀死微生物，使蛋白质变性、酶失活等，但不会使食品色、香、味等物理特性发生变化，不会产生异味。食品仍较好地保持原有的生鲜风味和营养成分，超高压处理技术适用于所有含液体成分的食物，如水果、蔬菜、乳制品、鸡蛋、鱼肉、禽、果汁等，也可用于成品蔬菜及成品肉食、水果罐头等。例如，经过高压处理的草莓酱可保留95%的氨基酸，在口感和风味上明显好于加热处理的果酱。

二、微波技术

微波技术是利用波长在0.001～1m（其相应的频率为300～300000MHz）的电磁波能把能量传播到物体的内部，具有升温快、加热时间短、食品营养和风味物质破坏损失少、卫生安全、便于控制和实行自动化操作的特点，食品加工中，微波加热主要应用于食品的干燥、熟化、膨化、烹调、预烹调以及杀菌等方面。

三、超临界萃取技术

超临界萃取技术是利用超临界状态下的流体具有的高渗透能力和高溶解能力，将溶质溶解于流体中，然后降低流体溶解的压力或升高流体溶解的温度，使溶解于超临界流体中的溶质因溶解度的降低而析出，从而实现特定溶质的萃取。它具有适用性广、萃取率高、产品质量高，萃取剂的分离回收较容易、选择性好、萃取过程简便，高效无污染的特点。利用这种超临界流体做溶剂，可以从多种液态或固态混合物中萃取出待分离的组分，例如，利用超临界二氧化碳萃取技术生产植物油，可解决普遍浸出工艺中有机溶剂残留的问题。

四、冷杀菌技术

冷杀菌技术是用非热的方法杀死微生物并可保持食品的营养和原有的风味技术。目前，主要有电离场辐射杀菌、臭氧杀菌、超高压杀菌和酶制剂杀菌等方法。

五、特殊冷冻技术

速冻、冷冻粉碎、冷冻干燥、冷冻浓缩是近年来发展起来的新技术，它们为食品加工提供一个冷的条件，可最大限度地保持食品原料原有的营养和风味，获得高质量的加工品。

1. 速冻

速冻是指食品尽快通过其最大冰晶生成区，并使平均温度尽快达到-18℃而迅速冻结的方法，快速冻结对水果、蔬菜的质量影响较小。例如，用液氮冻结的甜椒与新鲜的甜椒相比，烹调后的菜肴几乎无差别；相反，缓慢冻结的甜椒，口感发皮，并具有冻菜味。

2. 冷冻粉碎

冷冻粉碎是利用物料在低温状态下的"低温脆性"，即物料随着温度的降低，其硬度和脆性增加，而塑性及韧性降低，在一定温度下，用一个很小的力就能将其粉碎，其粒度可达到"超细微的"程度，因此可以生产"超细微食品"。该技术特别适用于油分、水分等含量较多、很难在常温中粉碎的食品，如肉类、水果蔬菜等，或者在常温粉碎时很难保持香味成分的香辛料。

3. 冷冻干燥

冷冻干燥又称冷冻升华干燥，将湿物料先冻结至冰点以下，使水分变成固态冰，然后在较高的真空度上，将冰直接转化为蒸汽使物料得到干燥，如加工得当，多数可长期保藏而且不会改变原有的物理、化学、生物学及感官性状，需要时加水，可恢复到原来的形状和结构，如蒜片的低温干燥技术。

4. 冷冻浓缩

冷冻浓缩是利用冰与水溶液之间的固-液平衡原理，将稀溶液中作为溶剂的水冻结并分离冰晶，从而使溶剂减少溶液增浓。食品冷冻浓缩技术应用广泛，对热敏性食品的浓缩特别有利，从速溶咖啡逐渐扩展到水果、蔬菜、饮品、汤料、调味品、保健食品等领域。

六、膜分离技术

用天然或人工合成的高分子薄膜，以外界能量或化学位差为推动力，对溶质和溶剂进行分离、分级、提纯和富集的方法，具有效率高、质量好、设备简单、操作容易等特点。目前主要应用的膜分离技术有超滤、反渗透和电渗析三种，前两种是靠压力差推动，后者靠电位差推动。膜分离技术在食品废水治理、果蔬汁饮料浓缩、混合植物油分离等方面已经成功地得到了应用。

此外，生物工程技术、超微粉碎技术、无菌包装技术等，也都在安全食品的加工中得以应用。

［1］白义奎，周东升，曹刚，等.北方寒区节能日光温室建筑设计理论与方法研究［J］.新疆农业科学，2014（6）：990-998.

［2］鲍艳宇，周启星，娄翼来，等.奶牛粪好氧堆肥过程中不同含碳有机物的变化特征以及腐熟评价［J］.生态学杂志，2010，29（11）：2111-2116.

［3］曾清华，毛兴平，孙锦，等.小麦秸秆复合基质的理化指标及其对黄瓜幼苗生长和光合参数的影响［J］.植物资源与环境学报，2011，20（4）：70-75.

［4］柴立龙，马承伟，籍秀红，等.北京地区日光温室节能材料使用现状及性能分析［J］.农机化研究，2007（8）：17-21.

［5］常毅博，李建明，尚晓梅.水肥耦合驱动下的番茄植株形态模拟模型［J］.西北农林科技大学学报，2015，43（2）：126-133.

［6］陈端生，郑海山，张建国，等.日光温室气象环境综合研究（三）——几种弧型采光屋面温室内直射光量的比较研究［J］.农业工程学报，1992（4）：81-85.

［7］陈青云.单屋面温室光照环境的数值实验［J］.农业工程学报，1993，9（3）：96-101.

［8］陈青云.日光温室的实践与理论［J］.上海交通大学学报（农业科学版），2008，（5）：343-350.

［9］陈婷婷，王丽芳，王琪，等.芦笋老茎堆肥中嗜热放线菌的分离和鉴定［J］.山西农业科学，2013，41（1）：70-74.

［10］陈晓楠，黄强，邱林，等.基于遗传程序设计的作物水分生产函数研究［J］.农业工程学报，2006，22（3）：6-9.

［11］程智慧，陈学进，赖琳玲，等.设施番茄果实生长与环境因子的关系［J］.生态学报，2011，31（3）：742-748.

［12］丛振涛，周智伟，雷志栋.Jensen模型水分敏感指数的新定义及其解法［J］.水科学进展，2002，13（6）：730-735.

［13］崔世茂，陈源闽，霍秀文，等.大棚型日光温室设计及光效应初探［J］.农业工

程学报，2005，（s2）：214-217.

［14］党永华，吴金娥.陕北黄土高原区日光温室蔬菜产业发展的几点思考［J］.中国农学通报，2006，（6）：269-272.

［15］丁兆堂.环境因子对番茄光合作用的影响［J］.山东农业大学学报：自然科学版，2003，34（3）：356-360.

［16］杜清洁，代倪韧，李建明，等.亚低温与干旱胁迫对番茄叶片光合及荧光动力学特性的影响［J］.应用生态学报，2015，26（6）：1687-1694.

［17］樊桂菊，李汝莘，杜辉.国外设施农业机械的发展［J］.农业装备技术，2003，29（2）：47-48.

［18］高志奎，魏兰阁，王梅，等.日光温室采光性能的实用型优化研究［J］.河北农业大学学报，2006（1）：1-5.

［19］郭建平，高素华.高温、高 CO_2 对作物影响的实验研究［J］.中国生态农业学报，2002，10（1）：17-20.

［20］郭群善，雷志栋，杨诗秀.冬小麦水分生产函数 Jensen 模型敏感指数的研究［J］.水科学进展，1996，7（1）：20-25.

［21］何诗行，何堤，许春林，等.不同LED光质对番茄幼苗生长特性的影响［J］.农业机械学报，2017，48（12）：319-326.

［22］胡波，张生田.西宁地区日光温室结构优化设计［J］.农村实用工程技术，2001（9）：10.

［23］季延海，赵孟良，武占会，等.番茄栽培基质中菊芋发酵秸秆的适宜配比研究［J］.园艺学报，2017，44（8）：1599-1608.

［24］亢树华，戴雅东，房思强，等.节能型日光温室采光面造型及高度和跨度的研究［J］.中国蔬菜，1993（1）：6-9.

［25］李超，周瀛，刘刚金，等.基于渗滤液回流的干式厌氧发酵研究进展［J］.可再生能源，2016，34（11）：1727-1738.

［26］李虎岗，王双喜.节能日光温室研究现状与发展方向［J］.现代农业科技，2015，（13）：241-243.

［27］李会昌.水分与产量关系的研究与评述［J］.河北水利科技，1998，19（2）：14-49.

［28］李家宁，马承伟，赵淑梅，等.几种常用屋面形状和倾角的日光温室光照环境比较［J］.新疆农业科学，2014，51（6）：1008-1014.

［29］李立新.秸秆能源化利用技术在农村的应用和推广.科技经济导刊，2016，（23）：107.

［30］李莉，李佳，高青，等.昼夜温差对番茄生长发育、产量及果实品质的影响［J］.应用生态学报，2015，26（9）：2700-2706

［31］李明，魏晓明，齐飞，等.日光温室墙体研究进展［J］.新疆农业科学，2014，（6）：1162-1170，1176.

［32］李寿声，沈菊琴.水稻水、肥生产函数及优化灌溉模式［J］.水利学报，1997，（10）：18-24.

［33］李天来，齐红岩，齐明芳.我国北方温室园艺产业的发展方向——现代日光温室园艺产业［J］.沈阳农业大学学报，200，（3）：265-269.

［34］李天来.我国日光温室产业发展现状与前景［J］.沈阳农业大学学报，2005，（2）：131-138.

［35］李小芳.日光温室的热环境数学模拟及其结构优化［D］.北京：中国农业大学，2005.

［36］李有，张述景，王谦，等.日光温室采光面三效率计算模式及其优化选择研究［J］.生物数学学报，2001，16（2）：198-203.

［37］郦伟，董仁杰.一面坡温室透明盖层坡面的几何型式［J］.太阳能学报，1996，17（2）：146-150.

［38］凌浩恕，陈超，陈紫光，等.日光温室带竖向空气通道的太阳能相变蓄热 墙体体系［J］.农业机械学报，2015，（3）：336-343.

［39］刘海龙，石培基，李生梅，等.河西走廊生态经济系统协调度评价及其空间演化［J］.应用生态学报，2014，（12）：3645-3654.

［40］刘金泉，王灵茂，尹春，等.高温、高湿及 CO_2 施肥条件下黄瓜光合性能的变化［J］.安徽农业科学，2009，37（6）：2362-2364，2375.

［41］刘明池，季延海，赵孟良，等.2017.菊芋发酵秸秆复合基质对番茄生长发育的影响［J］.农学学报，2017（1）：63-68.

［42］刘升学，于贤昌，刘伟，等.有机基质配方对袋培番茄生长及产量的影响［J］.

西北农业学报，2009，18（3）：184–188.

［43］鲁如坤主编.土壤农业化学分析方法［M］.北京：中国农业科技出版社，2000.

［44］鲁耀雄，崔新卫，龙世平，等.不同促腐剂对有机废弃物堆肥效果的研究［J］.
中国土壤与肥料，2017，（4）：147–153.

［45］罗鸣.荷兰农业合作社的农民合作组织［J］.世界农业，1999，4：46–48.

［46］毛丽萍，任君，张剑国，等.日光温室秋冬茬番茄果实发育期的适宜夜温［J］.
应用生态学报，2014，25（5）：1408–1414.

［47］聂和民.日光温室的结构与发展问题探讨［J］.农业工程学报，1990，（2）：
100–101.

［48］农业部设施园艺发展对策研究课题组.我国设施园艺产业发展对策研究［J］.现
代园艺，2011（4）：13–16.

［49］潘登，任理，刘钰.应用分布式水文模型优化黑龙港及运东平原农田灌溉制度
Ⅱ：水分生产函数和优化灌溉制度［J］.水利学报，2012，43（7）：777–784.

［50］裴先文，史为民，曲良举，等.南疆巴州地区日光温室前屋面优化设计研究
［J］.北方园艺，2010（16）：63–66.

［51］史海滨，赵倩，田德龙，等.水肥对土壤盐分影响及增产效应［J］.排灌机械工
程学报，2014，32（3）：252–257.

［52］孙忠富，吴毅明，曹永华，等.日光温室中直射光的计算机模拟方法——设施农
业光环境模拟分析研究之三［J］.农业工程学报，1993（1）：36–42.

［53］佟国红，David M. Christopher，赵荣飞，等.复合墙体不同材料厚度对日光温室
温度的影响［J］.新疆农业科学，2014，（6）：999–1007.

［54］佟国红，李永奎，孟少春，等.利用动态规划设计温室前屋面最佳形状的研究
［J］.沈阳农业大学学报，1998（4）：60–62.

［55］王博，王树鹏，胡云飞，等.不同配方复合基质对设施番茄栽培生长、品质及产
量的影响［J］.西北农业学报，2015，24（8）：131–138.

［56］王根绪，程国栋，沈永平.近50年来河西走廊区域生态环境变化特征与综合防治
对策［J］.自然资源学报，2002，（1）：78–86.

［57］王红君，张梦，赵辉，等.基于BP神经网络的温室黄瓜灌溉预测模型［J］.江
苏农业科学，2013，41（11）：407–409.

［58］王惠永. 英国的设施园艺［J］. 农村实用工程技术，1993，7：28-29.

［59］王静，薛芒，林茂兹，等. 新型日光温室人工生态系统中生态因子的优化配置［J］. 生态学报，2003，23（7）：1336-1343.

［60］王康，沈荣开，王富庆. 作物水分-氮素生产函数模型的研究［J］. 水科学进展，2002，13（6）：736-740.

［61］王龙强，郗志红，吴鑫森. 冬小麦水肥生产函数的PSO-SVM 模型［J］. 节水灌溉，2013（12）：1-4.

［62］王勤礼，张文斌，张东昱，等. 河西走廊日光温室蔬菜发展现状与对策探析［J］. 北方园艺，2012，（4）：34-37.

［63］王伟，张京社，王引斌. 我国日光温室墙体结构及性能研究进展［J］. 山西农业科学，2015，（4）：496-498，504.

［64］王艳芳，李亚灵，温祥珍. 高温条件下空气湿度对番茄光合作用及生理性状的影响［J］. 安徽农业科学，2010，38（8）：3967-3968，3981.

［65］王自健. 新疆精油薰衣草的产业发展现状及对策［J］. 北方园艺，2011（13）：186-187.

［66］魏晓明，周长吉，曹楠，等. 中国日光温室结构及性能的演变［J］. 江苏农业学报，2012，（4）：855-860.

［67］吴凤芝，王学征. 设施黄瓜连作和轮作中土壤微生物群落多样性的变化及其与产量品质的关系［J］. 中国农业科学，2007，40（10）：2274-2280.

［68］吴金水，肖和艾. 土壤微生物生物量碳的表观周转时间测定方法［J］. 土壤学报，2004，41：401-407.

［69］徐凡，马承伟，曲梅，等. 华北五省区日光温室微气候环境调查与评价［J］. 中国农业气象，2014（1）：17-25.

［70］严登华，王刚，金鑫，等. 滦河刘宇不同土地利用类型土壤微生物量垂直分异规律及其影响因子研究［J］. 生态环境学报，2010，19：1844-1849.

［71］杨利云，段胜智，李军营，等. 不同温度对烟草生长发育及光合作用的影响［J］. 西北植物学报，2017，37（2）：330-33.

［72］杨培林，郭晶，马振明. 国内外设施农业的现状及发展态势［J］. 农机化研究，2003（1）：30-32.

［73］杨世琼，杨再强，王琳，等.高温高湿交互对设施番茄叶片光合特性的影响［J］.生态学杂志，2018，37（1）：57–63.

［74］姚槐应，黄昌勇.土壤微生物生态学及其实验技术［J］.北京：科学出版社，2006.

［75］尹彩云，常涛，曲亚英.甘肃省凉州区日光温室生产现状及发展对策［J］.北方园艺，2009，（10）：264–266.

［76］于海业，马成林，陈晓光.发达国家温室设施自动化研究的现状［J］.农业工程学报，1997，13（增刊）：257–259.

［77］于合龙，赵新子，陈桂芬，等.基于改进的 BP 神经网络集成的作物精准施肥模型［J］.农业工程学报，2010，26（12）：193–198.

［78］虞娜，吴昌娟，张玉玲，等.基于熵权的 TOPSIS 模型在保护地番茄水肥评价中的应用［J］.沈阳农业大学学报，2012，43（4）：456–460.

［79］袁小康，杨再强.昼夜温差对番茄果实品质动态变化的影响及模拟［J］.中国农业气象，2017，38（6）：353–360.

［80］张兵，袁寿其，李红，等.玉米灌溉模型及遗传算法的优化求解［J］.农业机械学报，2006，37（9）：104–106，115..

［81］张洁，李天来，徐晶.昼间亚高温对日光温室番茄生长发育、产量及品质的影响［J］.应用生态学报，2005（6）：1051–1055.

［82］张洁，李天来，徐晶.昼间亚高温对日光温室番茄生长发育、产量及品质的影响［J］.应用生态学报，2005，16（6）：1051–1055.

［83］张丽丽.整合宏组学方法揭示天然木质纤维素堆肥中的关键功能微生物群落［D］.济南：山东大学，2016.

［84］张书敏，徐凤花，代欢，等.低温复合菌系对玉米秸秆与牛粪堆肥的影响［J］.中国土壤与肥料，2017，（2）：136–140.

［85］张宪政.植物生理学试验技术［M］.沈阳：辽宁农业出版社，1994.

［86］张勇.西北日光温室传热学简化模型构建及温光高效新结构初探［D］.陕西：西北农林科技大学，2012.

［87］赵军，王立志.发达的荷兰设施农业［J］.世界农业，1999，7：16–17.

［88］赵秀玲，朱新萍，罗艳丽，等.温度与秸秆比例对牛粪好氧堆肥的影响［J］.环

境工程学报，2014，8（1）：334-340.

［89］赵玉萍，邹志荣.不同温度对温室番茄生长发育及产量的影响［J］.西北农业学报，2010，19（2）：133-137.

［90］郑光华.美国设施农业发展概况［J］.世界农业，1999，3：13-16.

［91］中国农业机械化科学研究院.国内外设施农业装备技术发展趋势［J］.农机科技推广，2004，12：6-8.

［92］周军，杨荣泉，陈海军.冬小麦水肥增产祸合效应模型研究［J］.水利学报，1994，（6）：57-64.

［93］周青云，王仰仁，叶澜涛，等.不同水肥处理下冬小麦干物质积累动态及模型研究［J］.麦类作物学报，2013，33（3）：555-560.

［94］周长吉，吴德让.日光温室前屋面采光性能的优化［J］.农业工程学报，1993，9（4）：58-61.

［95］周长吉."西北型"日光温室优化结构的研究［J］.新疆农机化，2005（6）：37-38.

［96］周长吉.周博士考察拾零（二十九）不断创新的山东寿光日光温室（1）——"五代"温室的新发展［J］.农业工程技术（温室园艺），2013，（10）：30，32，34，36.

［97］周智伟，尚松浩，雷志栋.冬小麦水肥生产函数的 Jensen 模型和人工神经网络模型及其应用［J］.水科学进展，2003，14（3）：280-284.

［98］Cemek B，Demir Y. Testing of the condensation characteristics and light transmissions of different plastic film covering materials［J］. Polymer Testing，2005，24（3）：269-404.

［99］Ceres R，Pons J L，Jimenez A R，et a1. Design and implementation of an aided fruit—harvesting robot［J］. Industrial Robot，1998，25（5）：337-346.

［100］Chandna P，Nain L，Singh S，et al. Assessment of bacte-rial diversity during composting of agricultural byprod-ucts［J］. BMC Microbiology，2013，13：99.

［101］Cleveland C C，Townsend A R，Constance B C，et al. Soil microbial dynamics in Costa Rica：seasonal and biogeochemical constraints［J］. Biotropica，2004，36：184-195.

［102］Edan Y，Miles G E，Flash T，et al．Robotic melon harvester［J］．Service Robot，1996，2（1）：10–15．

［103］El–Gizawy A M，Comaa H M．Effect of different shadinglevels on tomato plants 1. Growth，flowering and chemical composition［J］．Acta Horticulture，1992，323：341–347

［104］Farkas I，Weihs P，A Biró，et al．Modelling of radiative PAR transfer in a tunnel greenhouse［J］．Mathematics and Computers in Simulation，2001，56（4）：357–368．

［105］Gajalakshmi S，Abbasi S A．Solid waste management by com–posting：state of the art ［J］．Critical Reviews in Environmental Science and Technology，2008，38（5）：311–400．

［106］Ghehsareh A M，Hematian M，Kalbasi M．Comparison of date palm wastes and perlite as culture substrates on growing indices in greenhouse cucumber［J］．International Journal of Recycling of Organic Waste in Agriculture，2012，1：1–5．

［107］Guo Yaping，Zhang Guoqing，Chen Qingjun，et al．Analy–sis on bacterial community structure in Mushroom（Agar–icus bisporus）compost using PCR–DGGE［J］．Agricul–tural Science & Technology，2015，20（8）：1778–1784．

［108］He Hua，Li Junliang．Effect of irrigation and fertilization methods on yield and fruit quality of film–mulched watermelon in greenhouse［J］．IEEE，2011：3087–3090．

［109］Ishii M，Sase S，Moriyama H．Controlled Environment Agriculture for Effective Plant Production Systems in a Semiarid Greenhouse［J］．Japan Agricultural Research Quarterly Jarq，2016，50（2）：101–113．

［110］Jensen M N．Water Consumption by Agriculture plants in Water Deficits and plant Growth［M］．U．S．A：T．T．Kozlowski，1968：1–22．

［111］Kadnikov V V，Mardanov A V，Podosokorskaya O A，et al．Genomic analysis of *Melioribacter roseus*，facultatively anaerobic organotrophic bacterium representing a novel deep lineage within Bacteriodetes/ Chlorobi group［J］．PLo S One，2013，8（1）：47–53．

［112］Karwitha Miriam，Feng Zhi–ke，Yao Min，et al．The complete nucleotide sequence of the RNA1 of a Chinese isolate of Tomatochlorosis virus ［J］. Journal of Phytopathology，2014，162（6）：411-415.

［113］Kopacek J，Kana J，Santruckova H，et al. Chemical and biochemical characteristics of alpine soils in the Tatra Mountains and their correlation with lake water quality ［J］. Water Air Soil Pollut，2004，153：307-327.

［114］Li GJ，Benoit F，Ceustermans N. Influence of day and night temperature on the growth，development and yield of greenhouse sweet pepper. Journal of Zhejiang Univer-sity （Agriculture and Life Sciences）（浙江大学学报：农业与生命科学版），2004，30（5）：487-491.

［115］Neshat Soheil A，Mohammadi Maedeh，Najafpour Ghasem D，et al. Anaerobic co-digestion of animal manures and lignocellulosic residues as a potent approach for sustainable biogas production ［J］. Renewable and Sustainable Energy Reviews，2017，79：308-322.

［116］Schwarz D，Thompson A J，Kläring H P. Guidelines to use tomato in experiments with a controlled environment ［J］. Frontiers in Plant Science，2014，5（5）：25.

［117］Sethi V P . On the selection of shape and orientation of a greenhouse：Thermal modeling and experimental validation ［J］. Solar Energy，2009，83（1）：21-38.

［118］Sjursen H S，Michelsen A，Holmstrup M. Effects of freeze-thaw cycles on microarthropods and nutrient availability in a sub-Arctic soil ［J］. App Soil Ecol，2005，28：79-93.

［119］Van Os，Eric A. Closed soilless growing systems：A sustainable solution for Dutch greenhouse horticulture ［J］. Water Science and Technology，2000，39（5）：105-112.

［120］Wang C，Dong D，Wang H，et al. Metagenomic analysis of microbial consortia enriched from compost：new insights into the role of Actinobacteria in lignocellulose decomposition ［J］. Biotechnology for Biofuels，2016，9：22.

［121］Wang Xiangping，Huang Guanhua，Yu Lipeng，et al. Coupled simulation on soil-water-nitrogen transport and transformation and crop growth ［J］. Transactions of the CSAE，2011，27（3）：19-25.

［122］Whitney J D. Field test results with mechanical harvesting equipment in Florida oranges ［J］. Applied Engineering in Agriculture, 1999, 15（3）: 205–210.

［123］Yuan Qiaoxia, Wu Yajuan, Ai Ping, et al. Effects of moisture, temperature and nitrogen supply rate on NO_3–N accumulation in greenhouse soil ［J］. Transactions of the CSAE, 2007, 23（10）: 192–198.